TRAITÉ
DES OMBRES.

AVIS.

Les nombres placés en tête, et du côté opposé au numéro de chaque page, indiquent la planche ; les numéros des figures sont indiqués dans le texte ; enfin, les nombres placés seuls et entre parenthèses sont des renvois aux articles précédents.

Le numéro de chaque article est au commencement de l'alinéa.

PARIS. — IMPRIMERIE DE FAIN ET THUNOT,
rue Racine, 28, place de l'Odéon.

TRAITÉ
DES OMBRES,

PAR J. ADHÉMAR.

PARIS.

BACHELIER, quai des Augustins, 55.
CARILIAN-GOEURY, quai des Augustins, 39.
L'AUTEUR, rue Montholon, 24.

LYON.

AYNÉ, rue Saint-Dominique, 2.

1840

OMBRES.

LIVRE PREMIER.

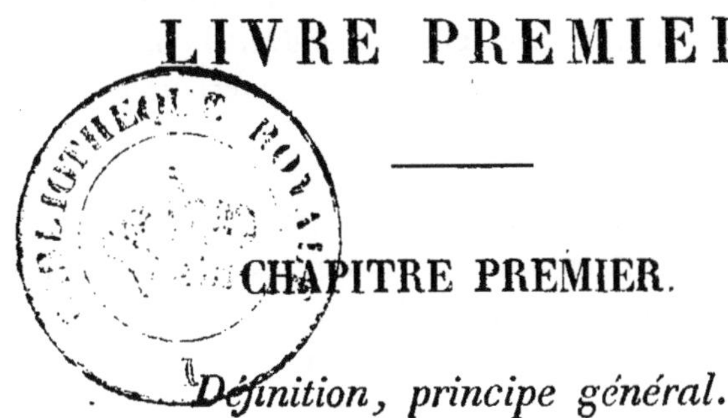

CHAPITRE PREMIER.

Définition, principe général.

1. *L'ombre est l'absence de la lumière; il y a ombre là où les rayons de lumière ne peuvent pas arriver.*

2. Cette définition étant admise, concevons (*fig.* 1re, Pl. 1), un corps quelconque éclairé par les rayons lumineux qui partent d'un point *s*. Ces rayons sont de trois espèces.

1° *Les rayons qui rencontrent la masse du corps.*

2° *Ceux qui touchent le corps.*

3° *Ceux qui ne le rencontrent pas.* Or, les rayons qui, partant du point *s* s'appuient sur le corps, forment une surface de cône, tangente, et dont l'intersection avec le plan *p* ou toute autre surface, déterminera le contour de l'ombre portée par le corps sur cette surface.

La courbe *amb*, suivant laquelle la surface du corps est touchée par le cône qui l'enveloppe, sépare, sur cette surface, la partie éclairée de celle qui est obscure.

La question qui va nous occuper peut donc s'énoncer ainsi, d'une manière générale :

3. *La forme et la grandeur d'un corps étant déterminées, ainsi que la direction des rayons de lumière, on demande de construire :*

1° *La ligne qui, sur la surface du corps, sépare la partie éclairée de celle qui est obscure;*

2° *La ligne formant le contour de l'ombre portée par le corps sur les surfaces extérieures.*

4. Il est facile de reconnaître que si la première de ces deux lignes était déterminée, elle deviendrait la directrice du cône dont l'intersection avec les surfaces extérieures serait le contour de l'ombre portée.

5. Lorsque le corps éclairé est un polyèdre (*fig.* 2), *la ligne de séparation* se compose de toutes les arètes qui séparent les faces éclairées des faces obscures. Tous les plans qui contiennent ces arètes et le point lumineux forment une pyramide dont l'intersection avec le plan *p* donne un polygone pour l'ombre portée par le polyèdre.

Lumière du soleil.

6. Dans les dessins de l'ingénieur on suppose toujours que la lumière provient du soleil, et dans ce cas on admet que les rayons sont parallèles entre eux.

Il résulte de cette hypothèse que le cône ou la pyramide formée par les rayons lumineux qui enveloppent le corps, deviennent un cylindre ou un prisme, ce qui ne change rien à la définition générale que nous venons d'énoncer; ainsi, nous supposerons, dans toutes les épures qui vont suivre, que les rayons de lumière sont parallèles et qu'ils sont envoyés par le soleil.

Principes.

7. Il y a, pour déterminer le contour des ombres, deux principes généraux que l'on peut désigner ainsi:

1° *Principe des plans coupants;*

2° *Principe des plans tangents.*

Principe des plans coupants.

8. 1re *Opération.* On coupera le corps par un plan parallèle à la direction des rayons lumineux; ce plan contiendra nécessairement une infinité de rayons.

2e *Opération.* On construira (*fig.* 3), par les moyens indiqués dans la Géométrie descriptive, la courbe *mm'nvu'u* résultant de la section de la surface du corps par le plan.

3e *Opération.* On tracera tous les rayons tangents qu'il sera possible de mener à cette courbe. Chaque rayon contiendra deux points essentiels, savoir : un point de tangence tel que *m*, et un point d'intersection *m'*.

On déterminera, avec la plus grande exactitude possible, tous les points de tangence et tous les points d'intersection.

En coupant de nouveau le corps par d'autres plans parallèles aux rayons de lumière, on obtiendra autant de points que l'on voudra.

9. La courbe qui passe par tous les points de tangence forme sur la surface du corps, la séparation entre la partie qui est éclairée et celle qui est obscure, et la courbe qui contient les points d'intersection est le contour de l'ombre portée. Ainsi la courbe *mu* est une ligne de *séparation* tandis que *m'u'* est une courbe d'*ombre portée; nv* est une ligne de séparation, *n'v'z* est une courbe d'ombre portée.

On reconnaît de plus que la courbe *m'u'* est l'ombre de *mu* et que *n'v'z* est l'ombre portée par la courbe *nv*.

10. Enfin *mu* est la directrice d'un cylindre dont l'intersection avec la surface du corps est *m'u'*, et la courbe *nv* est la directrice d'un second cylindre qui coupe le plan *p* suivant *n'v'z*.

11. Le principe général que nous venons d'énoncer étant bien compris, il ne restera plus, dans chaque cas particulier, qu'à choisir le système de plans coupants le plus simple,

pour avoir des intersections faciles à construire, et le plus promptement possible.

Principe des plans tangents.

12. 1re *Opération.* On construira (*Géom. descrip.*) un plan tangent parallèle à la direction des rayons lumineux. Ce plan touchera le corps en un point m (*fig.* 4), que l'on déterminera le plus exactement qu'il sera possible, et qui fera partie de la ligne de séparation. En effet, le plan p' étant parallèle aux rayons lumineux, contient nécessairement celui qui touche le corps au point m.

La même construction étant répétée, fera connaître autant de points que l'on voudra de la ligne de séparation.

2e *Opération.* La ligne de séparation étant déterminée, on la prendra pour la directrice d'un cylindre dont l'intersection avec le plan p, ou toute autre surface, sera l'ombre portée par le corps sur cette surface.

Direction de la lumière.

13. La direction de la lumière est ordinairement déterminée par ses deux projections ab, $a'b'$ (*fig.* 5), mais il arrive souvent, lorsque la question est composée, que l'on juge à propos d'employer un ou plusieurs plans auxiliaires de projection. Dans ce cas il faudra déterminer la projection du rayon de lumière sur chacun de ces nouveaux plans.

14. Ainsi, par exemple, $a''b''$ sera la projection du rayon ab, $a'b'$ sur le plan vertical pq, que l'on suppose rabattu sur l'épure en tournant autour de sa trace verticale.

15. *Ombre à 45°.* Dans les études on fera bien de donner aux rayons de lumière toutes sortes de directions. Cela contribue à varier les difficultés et familiarise avec tous les effets d'ombre qui peuvent avoir lieu. Mais dans les dessins de l'ingénieur, on s'assujétit presque toujours à cette condition que les

rayons lumineux soient parallèles à la diagonale d'un cube qui aurait deux de ses faces parallèles aux plans de projections.

Il résulte de là que les deux projections *ab*, *a'b'* du rayon de lumière font, avec la ligne de terre, des angles de 45°.

Par suite de la convention précédente l'étendue des ombres portées sur les faces parallèles aux plans de projections permettra d'apprécier la saillie des corps qui portent ces ombres; ce qui, dans certains cas, rendra complète, avec une seule projection, la description de l'objet que l'on dessine.

16. Si l'on était conduit par la nature de la question à faire usage d'un troisième plan de projection perpendiculaire aux deux premiers, la projection *a''b''* du rayon lumineux sur ce troisième plan ferait encore, avec la ligne de terre, un angle de 45°.

17. *Rayon lumineux faisant un angle de 45° avec sa projection.* Lorsque l'on ne trace les ombres que sur l'un des deux plans de projection, on peut adopter une direction de la lumière qui fasse un angle de 45° avec sa projection. La direction de cette projection est, du reste, indéterminée et peut toujours être choisie de manière à produire le meilleur effet possible sous le rapport du dessin.

Il résulte de cette convention que l'*ombre portée par un point sur le plan de projection ou sur tout autre plan qui lui serait parallèle sera éloignée de la projection du point d'une quantité égale à la distance qui existe entre ce point et le plan sur lequel son ombre est portée;*

Ce qui permettra d'apprécier les saillies aussi facilement que par la méthode précédente.

CHAPITRE II.

POLYÈDRES.

18. Les faces d'un polyèdre étant nécessairement planes, chacune d'elle sera toujours entièrement éclairée ou entièrement obscure, à moins qu'elle ne reçoivent l'ombre portée par quelque corps étranger.

Ainsi les arètes d'un polyèdre peuvent être classées de la manière suivante :

1° *Les arètes éclairées qui proviennent de l'intersection de deux faces éclairées ;*

2° *Les arètes obscures qui résultent de l'intersection de deux faces obscures ;*

3° *Les arètes qui résultent de l'intersection d'une face éclairée avec une face obscure.*

19. L'ensemble de ces dernières lignes compose, sur la surface du polyèdre, la *ligne de séparation* entre la partie éclairée et celle qui est obscure. Tous les rayons qui s'appuient sur ces arètes forment un prisme qui enveloppe le corps, et dont l'intersection avec les surfaces extérieures détermine le contour de l'ombre portée par le polyèdre.

Ainsi, dans tous les cas, le principe général consiste à concevoir le corps enveloppé par une surface parallèle aux rayons lumineux, et qui aurait pour directrice la ligne où l'ensemble des lignes qui, sur la surface du corps, séparent la partie qui est éclairée de celle qui est obscure.

20. La surface enveloppante dont nous venons de parler sera celle d'un cylindre ou d'un prisme, suivant que *la ligne de séparation* sera composée de courbes ou de lignes droites.

La détermination de l'ombre portée ne consiste plus qu'à construire l'intersection du cylindre ou du prisme enveloppant avec les surfaces extérieures.

Or, toutes ces questions ayant été résolues dans la *Géométrie descriptive* que je suppose connue du lecteur, nous pouvons, dès à présent, regarder la théorie des ombres comme complète. Il ne nous reste plus qu'à choisir, comme sujets d'exercice, les exemples les plus convenables pour nous familiariser avec les difficultés de l'application.

21. *Premier exemple.* Supposons que l'on veuille construire (*fig.* 7, *Pl.* 2) l'ombre d'une droite, ayant pour projection verticale le point 1.2, et pour projection horizontale la droite 1-2 perpendiculaire à la ligne de terre.

22. Il est bien entendu que l'on doit admettre que cette ligne représente ici une tringle de bois ou de fer très mince; car, il est évident qu'une ligne géométrique n'intercepterait aucun rayon lumineux, et ne pourrait par conséquent produire aucune ombre.

Tous les rayons lumineux qui s'appuient sur la droite donnée formeront un plan perpendiculaire au plan vertical de projection. La droite 1.2-2′, parallèle à la projection verticale du rayon de lumière, sera l'ombre de la ligne donnée.

23. En général, *lorsqu'une droite est perpendiculaire à l'un des plans de projection, son ombre sur ce plan est parallèle à la projection du rayon de lumière.* L'ombre du point 2 résulte de l'intersection du rayon qui passe par ce point avec le plan vertical de projection.

24. *Deuxième exemple.* Soit (*fig.* 10) les deux projections d'un triangle horizontal dont les sommets sont projetés par les trois points 1,2,3; on concevra par chaque sommet un rayon de lumière dont on déterminera l'intersection avec le plan horizontal. Ces points étant joints entre eux par des lignes droites, on aura le contour de l'ombre portée par le triangle sur le plan horizontal.

On remarquera ici que l'ombre portée par le triangle est égale à cette figure elle-même. Cela provient de ce que les plans contenant les rayons lumineux qui s'appuient sur les trois côtés du triangle donné, forment un prisme triangulaire. Or, le triangle et son ombre étant deux sections horizontales, et par conséquent parallèles dans un même prisme, doivent être égales.

25. En général, *l'ombre portée par une figure plane sur un plan qui lui est parallèle est toujours égale à cette figure.*

26. *Troisième exemple. Ombre d'un prisme vertical.* Si par les arètes verticales 1.2, 4.5 on conçoit deux plans parallèles au rayon de lumière, il sera facile de reconnaître que les faces 1.2-6, 4.5-6 sont éclairées, tandis que les faces 1.2-3, 4.5-3 sont obscures; et comme la base supérieure est éclairée, il en résulte que la ligne qui sépare la partie éclairée de celle qui est obscure, passe par les sommets 1,2,3,4,5. En construisant l'ombre de chacun de ces points (23), le contour de l'ombre portée sera déterminée.

27. *Quatrième exemple.* Dans la *fig.* 9 le prisme est hexagonal, et il sera facile de reconnaître, comme dans l'exemple précédent, que la ligne de séparation passe par les sommets 1,2,3,4,5,6,7,8.

Les sommets 1,2,3,4, porteront leur ombre sur le plan vertical; mais on remarquera que l'ombre de l'arète 4 et 5 fait un pli, et qu'une partie de cette ombre a lieu sur le plan vertical de projection, tandis que le reste de l'ombre de la même droite se porte sur le plan horizontal.

On détermine d'abord $5'$ qui est l'ombre du point 5 sur le plan vertical, comme si le plan horizontal n'existait pas, et l'on tracera la droite $4'$-$5'$ dont on ne conservera que la partie $4'$-m. On construira ensuite le point $5''$ qui est l'ombre du point 5 sur le plan horizontal, et la droite $m5''$ complétera l'ombre de l'arète 4-5.

En continuant à tourner dans le même sens on déterminera, sur le plan horizontal, les points $6'$, $7'$, $8'$ et $1''$, de sorte que $8'$-$1''$ sera l'ombre de l'arète 8-1; on ne conservera que

8′-*n* et l'on joindra le point *n* avec 1′ par lequel nous avons supposé que l'on avait commencé.

Ligne de séparation sur les polyèdres.

28. Dans les deux exemples précédents la ligne de séparation était facile à reconnaître, mais lorsqu'il y aura quelque incertitude on pourra raisonner de la manière suivante : soit *ab*, *bc* (*fig.* 11) les sections de deux faces adjacentes, par un plan parallèle aux rayons de lumière ; soit de plus *mn* l'un de ces rayons venant dans la direction indiquée par la flèche F; il est facile de reconnaître que la face *ab* sera éclairée, tandis que la face *bc* sera dans l'ombre, puisqu'un rayon lumineux ne pourrait parvenir à cette face qu'en traversant la masse qui est indiquée par des hachures.

Dans la *fig.* 12 les deux faces *ab*, *bc* sont éclairées, tandis que si la lumière venait dans le sens contraire de celui indiqué par la flèche, les deux faces seraient obscures.

29. De ce qui précède on peut conclure cette règle générale :

1° *On coupera le polyèdre par un plan parallèle à la direction de la lumière, ce qui donnera un polygone* A (*fig.* 16) ;

2° *On construira, par chacun des sommets de ce polygone, un rayon lumineux.*

Ceux de ces rayons qui n'entrent pas dans le polygone, déterminent les arètes formant la ligne de séparation.

Les rayons qui entrent dans le polygone déterminent les arètes éclairées, tandis que les rayons qui sortent du polygone, après l'avoir traversé, déterminent les arètes obscures.

Ainsi les arètes des points 2 et 5 appartiennent à la ligne de séparation.

L'arète qui contient le point 1 est éclairée.

Enfin, les arètes des points 3 et 4 sont obscures.

Il est bien entendu que la section A doit être choisie de manière à ce qu'elle coupe les arètes pour lesquelles on éprouve de l'incertitude ; il pourra même arriver que l'on soit obligé de faire plusieurs sections, parce qu'une seule ne couperait pas toutes les arètes du polyèdre.

30. *Cinquième exemple.* (*Fig.* 13, 15). Si nous appliquons les principes précédents à l'arète 11-12 qui a la même projection verticale que 1 et 2, nous supposerons le polyèdre coupé par un plan vertical *pq* parallèle au rayon de lumière, et nous construirons la projection verticale *vsu* de la section, et celle du rayon *mn* qui passe par le point *s*; et comme ce rayon entre dans le polyèdre, il en résulte évidemment que l'arète 11-12 est éclairée.

J'ai dit, en Géométrie descriptive, comment on construirait les projections du dodécaèdre régulier dont on propose ici de construire les ombres.

En raisonnant comme nous venons de le dire, on reconnaîtra que la ligne de séparation passe par les sommets 1, 2, 3, 4, 5, 6, 7, 8, 9, 10.

Si nous supposons que l'on commence par le point 1, on cherchera d'abord l'ombre des sommets 1, 2, 3, 4, 5, 6, 7 sur le plan vertical de projection; on joindra ces points par des droites jusqu'à ce que l'on soit parvenu au point *v*, suivant lequel l'ombre de l'arète 6-7 rencontre la ligne de terre.

On cherchera ensuite les ombres des sommets 7, 8, 9, 10, 1 sur le plan horizontal, ce qui déterminera la ligne brisée v-$7''$-$8'$-$9'$-$10'$-$1''$.

Enfin on joindra le point *u* avec $1'$, ce qui complétera le contour de l'ombre portée par le polyèdre sur les plans de projection.

31. On fera bien, pour s'exercer, de construire la projection auxiliaire (*fig.* 14), ce qui donnera en même temps un moyen simple de vérification pour chaque point. La direction de la lumière sur la *fig.* 14 se déterminera comme nous l'avons dit au nº 14.

CHAPITRE III.

OMBRES BRISÉES.

32. La forme souvent très composée des surfaces sur lesquelles se projettent les ombres, peut donner lieu à des plis ou des interruptions qui présentent quelques difficultés avec lesquelles le lecteur ne pourra se familiariser que par un grand nombre d'exemples.

32. *Premier exemple.* Soit (*fig.* 17 et 18, *Pl.* 3) les projections verticale et horizontale de deux marches parallèles à la ligne de terre, la partie hachée en points représentant la coupe d'un mur vertical. Les lignes AX et BY sont les traces des plans horizontaux qui forment les faces supérieures des deux marches, et les droites A'X', B'Y' sont les traces des plans qui forment les faces verticales.

Supposons, actuellement, que l'on veuille construire l'ombre portée sur ces marches, par une droite inclinée 1-2, la direction du rayon de lumière étant donnée par ses deux projections *sl*, *s'l'*.

Tous les rayons lumineux qui s'appuient sur la droite donnée 1-2 forment un plan dont il ne reste plus qu'à chercher l'intersection avec la surface de l'escalier.

Voici l'ordre des opérations :

1° On pourra commencer par construire les points 1', 2' qui sont les ombres des points 1 et 2 sur la surface verticale du mur, puis on tracera la droite 1'-2' dont on ne conservera que la partie 1'-*a*.

2° La verticale *a*-*a'* déterminera le point *a'* que l'on joindra avec 2'' qui est l'ombre du point 2 sur la face horizontale de la marche supérieure; de sorte que l'ombre portée sur cette marche par la ligne donnée sera *a'*-2'' dont on ne conservera que la partie *a'*-*e'*.

3° La verticale *e'*-*e* déterminera le point *e* que l'on joindra avec $2''$ qui est l'ombre du point 2 sur la face verticale de la deuxième marche; l'ombre sur cette face sera donc *e-u*.

On tracera la verticale *u-u'* et l'on aura *u'* que l'on joindra avec 2^{IV} qui est l'ombre du point 2 sur la face supérieure de la première marche. On ne conservera que *u'-n'*.

4° La verticale *n'-n* donnera le point *n* que l'on joindra avec 2^{V} qui est l'ombre du point 2 sur la face verticale de la première marche. L'ombre sur cette face sera n-2^{V} dont on ne conserva que *n-o*.

5° Enfin la verticale *o-o'* déterminera le point *o'* que l'on joindra avec 2^{VI} qui est l'ombre du point 2 sur le plan horizontal qui représente la terre. La petite droite o'-2^{VI} complétera l'ombre de la ligne donnée.

34. Les droites *1'-a*, *e-u*, *n-o*, doivent être parallèles entre elles comme résultant de l'intersection de trois plans parallèles par le plan des rayons lumineux, qui s'appuyent sur la droite donnée.

Il en est de même des droites *a'-e'*, *u'-n'*, o'-2^{VI}.

35. *Deuxième exemple.* Supposons que l'on veuille construire l'ombre portée sur les mêmes marches par un parallélépipède rectangle dont on a les deux projections (*fig.* 19 et 20). On reconnaîtra d'abord facilement que la ligne de séparation passe par les sommets 1, 2, 3, 4, 5, 6, 1.

Voici l'ordre des opérations :

1° On déterminera d'abord *1'-2'* qui est l'ombre de l'arète 1-2 sur le plan horizontal qui représente la terre.

2° La petite droite *2'-a'* parallèle à 2-3 (25) sera l'ombre portée sur la terre par une partie de cette arète.

3° La verticale *a'-a* donnera le point *a* que l'on joindra avec le point *o* suivant lequel l'arète 2-3 perce le plan qui forme la face verticale de la première marche; de sorte que la droite *a-o* sera l'intersection de cette face par le plan des rayons lumineux qui s'appuient sur l'arète 2-3, et par conséquent la petite droite *a-e* sera l'ombre portée par une partie de cette arète.

4° La verticale e-e' déterminera le point e' par lequel on tracera e'-r' parallèle à l'arète 2-3, et qui sera l'ombre portée par une partie de cette ligne sur la face supérieure de la première marche.

5° La verticale r'-r déterminera le point r que l'on joindra avec le point n suivant lequel l'arète 2-3 perce le prolongement de la face verticale de la deuxième marche; par conséquent r-u sera l'ombre portée sur cette face.

6° La droite u'-m', parallèle à la ligne 2-3 sera l'ombre portée par cette arète sur la face horizontale de la deuxième marche.

7° La verticale m'-m donnera le point m que l'on joindra avec 3′ qui est l'ombre du point 3 sur la face du mur. Cette dernière opération complétera l'ombre de l'arète 2-3.

8° Les droites 3′-4′, 4′-5′ seront les ombres des arètes 3-4, 4-5 sur le mur.

9° La droite 5′-x, ombre portée sur le mur par une portion de l'arète 5-6, sera déterminée par la condition qu'elle doit être parallèle à 3′-m, ou bien en joignant 5′ avec le point v suivant lequel l'arète 5-6 prolongée perce la face verticale du mur.

10° La verticale x-x' donnera le point x', et la droite x'-z', parallèle à l'arète 5-6, sera l'ombre d'une partie de cette ligne sur la face supérieure de la deuxième marche.

11° La verticale z'-z déterminera le point z par lequel on tracera z-p parallèle à 3′-m et formant l'ombre portée par une partie de l'arète 5-6 sur la face verticale de la deuxième marche.

12° En continuant à raisonner comme nous venons de le faire, on construira successivement :

$p'q'$ parallèle à l'arète 5-6 ;
qy parallèle à 3′-m ;
Enfin y'-6‴ parallèle à 5-6,

ce qui complète l'ombre de cette arète.

36. On remarquera que la droite z-p prolongée doit passer par

le point i suivant lequel l'arète 5-6 perce la face verticale de la deuxième marche.

Par la même raison la droite q-y doit aboutir au point c; et les droites x'-z', p'-q' prolongées doivent passer par les points 6′, 6″ suivant lesquels les faces supérieures des marches sont percées par le rayon de lumière du point 6.

37. Il ne faut négliger aucun de ces moyens de vérification qui forment, par la même occasion, autant de sujets d'exercices.

D'ailleurs la direction d'une ligne droite étant toujours déterminée par deux points, il faut, par de nombreux exemples, s'exercer à choisir sans hésitation, dans chaque cas, les deux points les plus avantageusement situés.

38. En général, *après avoir reconnu quelle doit être, sur la surface d'un polyèdre donné, la ligne de séparation entre la partie éclairée et celle qui est obscure, on cherchera l'ombre d'un premier côté en prolongeant s'il le faut la face qui reçoit cette ombre, et après avoir effacé tout ce qui est en dehors des limites de cette face, on construira la suite de l'ombre sur la face adjacente à la première, en ne conservant que ce qui est dans les limites de cette deuxième face, et l'on continuera de cette manière à chercher la suite de l'ombre sur les troisième, quatrième et cinquième faces des corps extérieurs jusqu'à ce que l'on soit revenu à l'ombre du point par lequel on a commencé.*

Toutes ces opérations sont la conséquence des principes exposés dans la *Géométrie descriptive*, sur la pénétration des polyèdres, et l'exemple qui vient de nous occuper revient à l'intersection des surfaces des deux prismes, dont l'une est formée par l'ensemble des rayons lumineux qui s'appuient sur le polyèdre, tandis que l'autre se compose des faces verticales et horizontales de l'escalier.

39. *Troisième exemple.* Soit (*fig.* 21 et 22) les deux projections d'un escalier représenté en coupe sur la projection auxi-

liaire (*fig.* 23), la direction de la lumière étant déterminée par ses projections s-l, s'-l', s''-l''.

Les lignes de séparation, dans cet exemple, sont :

1° Les arètes brisées à droite de chacun des murs de rampe;

2° Les arètes verticales des points, 11 et 12 (*fig.* 22);

3° L'arète horizontale 11–13 (*fig.* 21).

1° On construira d'abord sur le plan horizontal, et parallèlement à s'-l', la droite 1.2–a' qui sera l'ombre portée par une partie de l'arète verticale 1–2.

2° Le reste de cette ombre se relève verticalement depuis a jusqu'à 2' qui est l'ombre du point 2 sur la face verticale de la première marche.

3° L'ombre portée sur cette même face, par une partie de l'arète horizontale 2–3, doit être parallèle à la projection verticale s-l du rayon de lumière (23), et par conséquent doit être dirigée vers le point 3, suivant lequel le plan qui forme la face verticale de la première marche est percé par la droite 2–3.

4° La petite droite c'–3', parallèle à l'arète 2–3, sera l'ombre portée pas une partie de cette ligne sur la face horizontale de la première marche.

5° On tracera ensuite la droite 3'–e' dirigée vers le point 4' suivant lequel le rayon du point 4 percerait le prolongement de la face supérieure de la première marche, de sorte que 3'–e' est l'ombre portée sur cette face par une partie de l'arète 2–3.

6° La continuation de cette ombre devient successivement e–n dirigée vers le point v sur la face verticale de la seconde marche; ensuite n'–m' dirigée vers 4'' sur la face horizontale de la même marche, m–u dirigée vers les points 4 ou 3'' sur la face verticale de la troisième marche.

Enfin u'-4'' sur la face horizontale de cette dernière marche.

Quant à l'arète horizontale 4-5, son ombre lui sera parallèle et par conséquent perpendiculaire au plan vertical de projection.

L'ombre de la rampe à droite ne rencontrant pas les marches sera plus facile à construire, et se composera de la manière suivante :

1° Les droites 6.7-7′ parallèle à s'-l' et formant l'ombre portée sur le plan horizontal par l'arête verticale 6-7.

2° La droite 7′-8′ provenant de l'arète horizontale 7-8 à laquelle elle doit être parallèle.

3° La droite 8′-z' qui est l'ombre portée sur le plan horizontal par une partie de l'arète inclinée 8-9.

4° L'ombre portée par le reste de la même droite sur la face verticale du mur devient z-9″.

5° Enfin l'arète 9-10 étant perpendiculaire au plan vertical de projection, son ombre 9″-9.10 doit être parallèle à la projection s-l du rayon lumineux (23).

Les ombres portées par les arètes verticales des points 11 et 12 doivent être parallèles à s'-l'.

L'ombre portée par l'arète horizontale 11-13 ne peut pas être vue.

40. On pourra, comme vérification ou comme exercice, se servir de la projection auxiliaire (*fig.* 23) qui représente une coupe de l'escalier, par un plan parallèle au mur de rampe.

La projection s''-l'' du rayon de lumière se construira comme nous l'avons dit au n° 14.

41. *Quatrième exemple.* Soit (*fig.* 24 et 25, *Pl.* 4) les projections verticale et horizontale d'un pan de bois, composé :

1° De deux poteaux verticaux ;

2° De deux traverses horizontales ;

3° D'une pièce de décharge inclinée, assemblée dans les deux traverses.

On veut avoir l'ombre portée par ces différentes pièces :

1° Sur la face verticale d'un mur ;

2° Sur les faces horizontale et inclinée d'une banquette dont la coupe est indiquée par des hachures sur la figure 26 ;

3° Enfin sur le plan horizontal de projection qui, dans cet exemple, représente la terre.

Les ombres des deux pièces horizontales ne présenteront aucune difficulté à construire; celle de la traverse inférieure se portera sur le plan horizontal, et celle de la pièce supérieure aura lieu sur la face verticale du mur.

Pour les deux poteaux verticaux, il est évident que la séparation des faces éclairées et des faces obscures sera formée par les arètes verticales désignées sur le plan par les points 1 et 2.

Commençons par le poteau à droite et supposons que l'on veuille d'abord déterminer l'ombre portée par l'arète verticale du point 1.

Le plan vertical formé par les rayons qui s'appuient sur cette arète coupera la surface de la terre, le talus, la face supérieure de la banquette et la face verticale du mur, suivant une ligne projetée sur le plan horizontal par la droite 1-a'-c'-e' et sur le plan vertical par la ligne brisée 1 a-c-e-1'.

Les verticales a'-a, c'-c, e'-e détermineront les trois points a, c, e.

On construira de la même manière l'ombre du poteau à gauche.

42. Pour reconnaître quelles sont les arètes de la pièce inclinée qui forment la ligne de séparation, on pourra employer le principe du n° 29.

Ainsi, en coupant cette pièce par un plan vertical pq, parallèle à la direction s'-l' du rayon lumineux, on obtiendra pour section (*fig.* 24) le parallélogramme 3'-3''-4'-4''; et les deux rayons b-d, h-k ne traversant pas ce parallélogramme, nous en conclurons que la ligne de séparation pour cette pièce passe par les points 3', 4'' et se compose, par conséquent, des arètes 5-6, 7-8 situées dans les deux faces opposées du pan de bois, comme on peut le reconnaître par l'inspection des *fig.* 25, 26.

Ordre des opérations. 1° Supposons que l'on ait d'abord déterminé le point 5' qui est l'ombre du point 5 sur la face verticale du mur. On tracera 5'-o parallèle à l'arète 5-6, ce qui donnera l'ombre portée sur le mur par une partie de cette arète.

2° La verticale o-o' donnera o', que l'on joindra avec le point u' suivant lequel l'arête 5-6 perce le plan horizontal qui forme la face supérieure de la banquette, de sorte que o'-z' sera l'ombre portée sur cette face par une partie de l'arête 5-6.

3° La verticale z'-z déterminera z, que l'on joindra avec m suivant lequel l'arête 5-6 prolongée perce le plan incliné qui forme le talus; et la droite z-x, z'-x' sera l'ombre portée sur ce plan par une partie de l'arête 5-6.

4° Enfin, la verticale x-x' déterminera le point x', que l'on joindra avec v' suivant lequel l'arête 5-6 prolongée rencontre la terre, ce qui complétera l'ombre de l'arête 5-6.

Ainsi, cette ombre est une ligne brisée projetée sur le plan vertical par $5'$-o-z-x-$6'$ et sur le plan horizontal par $5''$-o'-z'-x'-$6''$.

43. La projection auxiliaire (*fig.* 26) sera très commode pour déterminer le point m, ou bien encore les points $5''$, $6''$, qui sont les ombres des points 5 et 6 sur le plan incliné qui forme le talus.

Si cependant on n'avait pas assez de place sur l'épure pour construire la projection auxiliaire 26, on appliquerait le principe admis en Géométrie descriptive. Ainsi (*fig.* 30), pour déterminer l'ombre du point m sur un plan parallèle à la ligne de terre et dont les deux traces seraient AB, A'B',

On construira :

1° Le plan vertical $m'pq$ contenant le rayon de lumière du point m;

2° La droite ab, $a'p'$ qui résulte de l'intersection du plan donné par le plan $m'pq$;

3° Enfin le point m'', m''' suivant lequel la droite ab est rencontrée par le rayon de lumière du point m.

De sorte que les deux points m'' et m''' seront les deux projections de l'ombre du point m sur le plan donné AB, A'B'.

L'ombre de l'arête 7-8 (*fig.* 24 *et* 25) se déterminera en opérant comme pour l'arête 5-6.

44. Cet exemple suffit pour faire comprendre ce qu'il y aurait à faire pour construire les ombres portées par un système de charpente, quelques nombreuses que soient les pièces qui entreraient dans sa composition.

On voit qu'il suffit de chercher séparément l'ombre de chaque pièce, et la solution complète de la question résultera de la réunion de toutes ces opérations particulières.

45. *Cinquième exemple.* Soit encore proposé comme sujet d'exercice, de construire l'ombre portée par une croix sur un plan incliné dont les traces sont xy, yz.

Les dimensions de la croix sont déterminées par ses deux projections (*fig.* 27, 28), et la direction de la lumière par s-l, s'-l'.

On cherchera successivement les ombres :

1° Du prisme vertical formant le montant de la croix ;

2° Du prisme horizontal qui en forme les branches ;

3° Du parallélépipède rectangle formant le soubassement.

Les lignes de séparation sur ces trois prismes étant faciles à reconnaître, il ne reste plus qu'à chercher l'ombre portée par chacune d'elles.

Pour obtenir l'ombre du point 1, on construira :

1° Le plan vertical $m'pq$, parallèle à s'-l', et contenant par conséquent le rayon de lumière du point 1 ;

2° On tracera la droite m-q, projection verticale de l'intersection du plan donné par le plan $m'pq$;

3° Le point $1'$, $1''$, qui est l'ombre portée par le point 1 sur le plan donné, sera déterminé par l'intersection de la droite mq avec le rayon 1-$1'$.

La même opération recommencée, donnera autant de points que l'on voudra.

On remarquera, comme vérification, que le côté $3'$-$4'$, $3''$-$4''$ étant situé dans le plan xyz, son prolongement doit percer le plan vertical de projection en un point n, n', situé sur la trace verticale du plan donné.

Par la même raison, le côté 3′-5′, 3″-5″ prolongé perce le plan horizontal au point v, v'.

46. Si l'on avait à déterminer l'ombre de beaucoup de points sur le plan incliné xyz, on simplifierait les opérations en construisant (*fig.* 29) une projection auxiliaire sur un plan vertical zox perpendiculaire à la trace horizontale xy. Par ce moyen, le plan donné xyz étant perpendiculaire au nouveau plan de projection zox, la figure d'ombre portée se projetterait sur la figure 29 par une ligne droite xz', qui serait en même temps la troisième trace du plan donné, et que l'on obtiendrait en faisant $oz'=oz$.

La projection s''-l'' du rayon de lumière sur la figure 29 se déduira des projections primitives s-l, s'-l', en opérant comme nous l'avons dit au n° 14.

J'engage le lecteur à faire cette troisième projection comme étude ou comme vérification; mais dans la pratique il faut, en admettant que l'on ait la place nécessaire, que les points à déterminer sur le plan oblique soient assez nombreux pour qu'il devienne utile de construire une projection auxiliaire du corps dont on cherche l'ombre.

FIN DU PREMIER LIVRE.

LIVRE II.

CHAPITRE PREMIER.

Cylindres.

Cylindres obliques.

47. Les données sont (Pl. 5) :

1° Les deux projections B, B′ d'un parallélépipède rectangle, oblique par rapport au plan vertical de projection ;

2° Les deux projections *a–a*, *a′–a′* de l'axe d'un cylindre C, C′ posé horizontalement sur le parallélépipède B, B′ ;

3° Les deux projections *c–n*, *c′–n′* de l'axe d'un second cylindre circulaire D, D′, oblique aux deux plans de projection et perpendiculaire au premier cylindre sur lequel il est posé ;

4° Les deux projections *s–l*, *s′–l′* d'un rayon de lumière.

On demande de construire les projections de ces cylindres ainsi que les limites d'ombre, et les ombres portées par ces corps sur eux-mêmes et sur les plans de projection.

Les opérations qui vont suivre étant assez composées, j'engage le lecteur à doubler toutes les dimensions de l'épure.

48. *Projection du cylindre horizontal.* Le rayon *ao* du cylindre horizontal sera déterminé (*fig.* 32) par la hauteur de l'axe *a–a* au-dessus de la face supérieure du parallélépipède B, B′ ; et sur la figure 35, la droite *v′–v′*, double de *ao*, sera la projection horizontale de l'une des bases du même cylindre.

Cette même base aura pour projection verticale (*fig.* 32) l'ellipse *ovov*, qui a pour grand axe la verticale *o-o*, double de *ao*, et pour petit axe l'horizontale *v-v*, déduite de la projection horizontale *v'-v'*.

L'autre base, si l'on voulait la projeter, se construirait de la même manière.

49. *Projection horizontale du cylindre oblique.*

Le moyen le plus simple sera de faire une projection auxiliaire sur un plan vertical X'AY, parallèle à la direction du cylindre incliné D, D'. Cette disposition d'épure sera d'autant plus convenable dans le cas qui nous occupe, que les directions des deux cylindres étant perpendiculaires l'une à l'autre, le nouveau plan vertical de projection X'AY, parallèle au cylindre incliné, sera en même temps perpendiculaire au cylindre horizontal; ce qui est, comme nous l'avons vu en Géométrie descriptive, la position la plus simple que puissent occuper deux cylindres par rapport aux plans de projection.

L'axe du cylindre horizontal se projettera sur le plan X'AY par un seul point *a''*, dont la hauteur *a''a'* au-dessus de la nouvelle ligne de terre AX', doit être égale à la hauteur du point *a* au-dessus de AX (*fig.* 32); le cercle décrit du point *a''* comme centre avec un rayon *a''o'* égal à *ao* (*fig.* 32), sera la trace et en même temps la projection du cylindre horizontal CC' sur le plan X'AY.

En faisant *c''q'* (*fig.* 34) égal à *cq* (*fig.* 32) et *n''z'* égal à *nz*, la droite *c''-n''* sera la projection de l'axe *cn*, *c'n'* du cylindre incliné D, D', dont le rayon *n''u* sera déterminé par la distance *km* de l'axe *c''n''* au point *m* où la circonférence *o'v''o'v''* est touchée par la droite *ux*, parallèle à *c''n''*.

Par suite de ces opérations, le rectangle *xxuu* sera la projection du cylindre incliné DD' sur le plan auxiliaire X'AY.

Les projections horizontales des deux bases du même cylindre seront deux ellipses, ayant pour leurs grands axes les droites *e-e*, *e'-e'*, égales chacune à deux fois le rayon *n''u*, et pour petits axes les droites *x'-x'*, *u'-u'*, projections horizontales des deux diamètres *x-x*, *u-u*.

50. *Projection verticale du cylindre* D, D′.

Si nous faisons (*fig.* 31) nn^v égal à z–n', et c–c^v égal à qc', le rectangle D^v égal à D'' pourra être considéré comme la section du cylindre DD″ par le plan qui contiendrait son axe et qui serait perpendiculaire au plan vertical de projection.

Cette section, que l'on suppose rabattue sur l'épure en tournant autour de sa trace verticale n–c, pourra être effacée dès qu'elle aura servi à déterminer les axes des deux ellipses qui représentent sur la figure 32 les projections des deux bases du cylindre incliné D.

Ombres.

51. *Ligne de séparation sur le cylindre* D, D′. Cette ligne (*fig.* 35) se compose des deux arcs 1-u'-e'-2, 3-x'-e-4, et des deux droites 2–3, 4–1, suivant lesquelles le cylindre est touché par deux plans parallèles aux rayons de lumière (12).

La détermination des droites 2–3, 1–4 dépend du principe général donné en Géométrie descriptive pour construire des plans tangents à un cylindre parallèlement à une ligne donnée. Mais, d'abord, nous n'avons pas les traces du cylindre, ensuite, sa forme circulaire permettra d'employer des moyens qui seront convenablement placés ici comme sujets d'exercices.

52. *Première solution.* En l'absence de la trace horizontale du cylindre, on pourra opérer de la manière suivante :

1° Par le point y, y' (*fig.* 34 et 35), pris à volonté sur l'axe du cylindre, concevons la droite yd, $y'd'$ parallèle à la direction s''–l'', s'–l' du rayon lumineux. L'axe c''–n'', c'–n' du cylindre et la droite y-d, y'–d' déterminent un plan parallèle au cylindre et au rayon lumineux ;

2° La droite d–d', perpendiculaire à X′A, déterminera le point d', suivant lequel la droite y–d, y'-d' perce le plan qui contient la base du cylindre, de sorte que d'–n' sera l'intersection de ce plan par celui qui contiendrait l'axe du cylindre et qui serait parallèle à la direction de la lumière.

Or, si l'on fait mouvoir ce dernier plan parallèlement à lui-même, il sera tangent au cylindre lorsque la droite $w'n'd$ sera venue prendre la position $w''d''$ parallèle à $w'd'$ et tangente à l'ellipse $1-u'-2-u'$, qui est la projection horizontale de l'une des bases du cylindre.

Le point de tangence 2 déterminera la droite 2-3, suivant laquelle le cylindre est touché par un plan parallèle à la direction de la lumière.

53. Nous aurons souvent, par la suite, l'occasion de construire des tangentes à une ellipse, parallèlement à une droite donnée. Je crois, pour cette raison, qu'il sera utile de rappeler la construction connue.

Soit (*fig.* 33) une ellipse à laquelle on veut mener deux tangentes parallèles à la droite $s-l$.

On commencera par construire une corde quelconque ac, parallèle à la direction de $s-l$, et l'on joindra le milieu de cette corde avec le centre o, par un diamètre dont les extrémités m et n seront les points de tangence demandés.

C'est ainsi que l'on a déterminé les points de tangence 2 et 1 (*fig.* 35), en faisant passer le diamètre 2-1 par le milieu d'une corde parallèle à $d'w'$.

Pour éviter la confusion des lignes, cette corde n'a pas été conservée.

54. *Deuxième solution.* Les deux côtés $x-u$, $x-u$ (*fig.* 34) étant prolongés, perceront le plan horizontal suivant les deux points $u''u'''$, $u''u'''$. L'ellipse $u'''-e''-u'''-e''$ sera la trace horizontale du cylindre incliné D, D'.

De là résultent les constructions suivantes :

1° Par le point $n''n'$ ou par tout autre point de l'axe, on construira la droite $n''-g$, $n'-g'$, parallèle à la direction de la lumière;

2° On déterminera le point g', suivant lequel cette droite perce le plan horizontal, et l'on joindra g' avec n''' par la droite $g'-n'''$, qui sera la trace du plan mené par l'axe du cylindre parallèlement à la direction du rayon lumineux ;

3° Il ne restera plus qu'à faire mouvoir ce plan parallèlement à lui-même, jusqu'à ce que sa trace $g'n'''$ soit venue se placer en $v''2'$.

Cette dernière droite, parallèle à $g'n'''$, sera la trace du plan formé par les rayons de lumière qui touchent le cylindre suivant la ligne 2–3.

Le point de tangence $2'$ et le point correspondant $1'$, appartenant à la droite 1–4, se détermineront comme dans la solution précédente.

Toutes les constructions que nous avons faites ici dans le plan horizontal de projection, auraient pu être faites également dans la face supérieure du parallélépipède B″B′, ou dans tout autre plan horizontal.

55. *Troisième solution.* Les deux solutions précédentes exigent la construction des tangentes à l'ellipse, de sorte que l'exactitude du résultat dépend de la précision avec laquelle cette courbe aura été tracée. Or, une ellipse ne pouvant être construite que par points, les opérations qui en dépendent ne sont jamais aussi exactes que celles qui résultent de la seule combinaison de la ligne droite et du cercle.

Pour atteindre ce but, on opérera de la manière suivante :

1° On construira comme précédemment la droite y-d, y'-d', et l'on déterminera le point d';

2° On fera tourner le plan dww'' autour de sa trace horizontale ww''. Par ce mouvement, le cercle u-u viendra se placer dans le plan horizontal, et la droite $w'd'$ deviendra $v'd'''$;

3° Enfin, le rayon n^{IV}-$2''$, perpendiculaire sur $w'd''$, déterminera le point de tangence $2''$, et par suite la droite 2–3.

La ligne $v''2''$ représente dans le rabattement l'intersection du plan de la base du cylindre par le plan tangent suivant la droite 2–3, et qui est parallèle à la direction de la lumière.

56. *Quatrième solution.* 1° Si du point n''' comme centre, on décrit la circonférence u^{IV}–e''–u^{IV}–e'', on pourra considérer cette courbe comme la projection horizontale de la section du cylindre par un plan $u^{\text{V}}u^{\text{V}}$ perpendiculaire au plan de la pro-

jection auxiliaire X'AY. Les points u^{v}, u^{v} seront déterminés par la rencontre des deux lignes x–u, x–u prolongées, avec les droites u^{iv}–u^{v}, u^{iv}–u^{v}, perpendiculaires à X'A ;

2° La droite g–n'', g'–n', prolongée jusqu'au plan u^{v}–u^{v} (*fig.* 34), déterminera le point h, h', et par suite la droite h'–n''' qui résulte de l'intersection du plan u^{v}–u^{v} par le plan qui contient l'axe du cylindre et qui est parallèle aux rayons de lumière;

3° Le rayon n'''–$2'''$, perpendiculaire sur n'''–h', déterminera le point de tangence $2'''$ et par conséquent la droite 2–3.

La petite tangente i–$2'''$, perpendiculaire sur le rayon n'''–$2'''$, est l'intersection du plan u^{v}–u^{v} par le plan qui touche le cylindre suivant la droite 2–3.

Les projections des deux droites 2–3, 1–4, sur la figure 32, seront déterminées par les intersections de l'ellipse 1–e'''–2–e''' avec les verticales élevées par les points 1 et 2 de la figure 35.

On remarquera aussi que les hauteurs des points 1 et 2, au-dessus de la droite AX, sur la figure 32, doivent être égales à celles des mêmes points au-dessus de AX' (*fig.* 34).

J'ai indiqué toutes ces solutions comme sujets d'exercices. Il est bien entendu que, dans la pratique, le lecteur choisira dans chaque cas celle qui conviendra le mieux à la disposition particulière des données.

57. Les deux dernières solutions ne sont applicables qu'aux cylindres circulaires. Il eût été plus général de ne pas introduire cette condition; mais les principes pour construire un plan tangent à un cylindre quelconque, ayant été exposés dans la *Géométrie descriptive*, j'ai pensé que dans un Traité d'application il fallait mieux s'exercer sur des exemples qui se présentent fréquemment, surtout dans les dessins des machines.

58. D'ailleurs les deux premières solutions conviendraient à tous les cylindres, pourvu que l'on ait leur trace ou leur section par un plan quelconque, de sorte que la seule diffé-

rence consisterait dans les moyens employés pour obtenir ces courbes, qui alors se construiraient par points.

La construction des tangentes et la détermination des points de tangence dépendrait aussi de la nature des courbes (*Géométrie descriptive*).

59. *Ombre portée par le cylindre* DD′. La ligne de séparation étant déterminée et passant par les points 1-u'-e'-2-3-x'-e-4-1, il ne reste plus qu'à construire l'ombre portée par chacune des parties de cette ligne.

Première opération. Les rayons de lumière qui s'appuient sur 1-u'-e'-2 forment une portion de surface cylindrique dont l'intersection avec la face supérieure du parallélépipède B, B′ sera la courbe $1''$-u'-2^{v} (*fig.* 35).

La construction de cette courbe sera rendue facile par la projection auxiliaire (*fig.* 34). Ainsi, par exemple, le rayon de lumière du point 2 percera le plan horizontal u-o' en un point 2^{iv}, dont la projection horizontale 2^{v} sera l'ombre du point 2.

60. On déterminera de cette manière autant de points que l'on voudra, en choisissant de préférence ceux qui sont situés sur les tangentes à la courbe, parce qu'on sait (*Géom. descrip.*) que la tangente se confondant avec la courbe dans le voisinage du point de tangence, la direction de la courbe se trouve toujours mieux déterminée lorsque l'on connaît la tangente et le point de tangence (*fig.* 36) qu'elle ne le serait par un point d'intersection (*fig.* 38).

Ainsi, on déterminera (*fig.* 35) les points 2^{v}, $1''$, suivant lesquels la courbe $1''$-u'-2^{v} est touchée par les droites 2^{v}-t', $1''$-r', résultant de l'intersection de la face supérieure du parallélépipède B, B′ par les deux plans que forment les rayons lumineux qui s'appuient sur le cylindre.

Le grand nombre d'ellipses que l'on a l'occasion de tracer dans les diverses applications de la Géométrie descriptive, familiarise promptement avec la forme de cette courbe. De là il résulte qu'il est souvent plus facile de tracer la courbe tout entière, sauf à effacer après coup les parties que l'on n'a pas besoin de conserver.

Ainsi, on fera bien de construire le point u^{VII} suivant lequel l'ellipse $1''$-u'-2^{V}-u^{VII} est touchée par la droite u^{VI}-u^{VII} perpendiculaire à AX'.

On remarquera également que les deux ellipses $1''$-u'-2^{V}-u^{VII}, 1-u'-e'-2 doivent se toucher en un point u' situé dans la face supérieure du parallélépipède B', B'', et que de plus elles sont touchées toutes les deux au même point par la droite u-u', perpendiculaire à AX'.

2e *Opération*. La droite 2^{V}-t' est l'ombre de la ligne 2-3 et provient de l'intersection de la face supérieure du parallélépipède par le plan tangent formé par les rayons lumineux qui s'appuient sur 2-3.

Le point 2^{V} étant déterminé par l'opération précédente, il suffira de construire l'ombre d'un second point de la droite 2-3. Ainsi, par exemple, le rayon de lumière qui passe par le point 9 (*fig.* 34) étant prolongé jusqu'au plan u-o', déterminera sur le plan horizontal le point 9' que l'on joindra avec 2^{V}.

On pourrait aussi déterminer le point suivant lequel la droite 2-3, prolongée, rencontrerait le plan horizontal o'-u, prolongé aussi.

Enfin on pourrait se contenter de tracer 2^{V}-9' parallèle à $2'$-w'', parce que ces deux droites sont les intersections de deux plans parallèles par le plan tangent formé par les rayons lumineux qui s'appuient sur la droite 2-3.

La verticale t'-t déterminera le point t, que l'on joindra avec 3' qui est l'ombre du point 3 sur la face verticale du mur. On peut remarquer, comme vérification, que la droite t-3' prolongée doit aboutir au point 10' suivant lequel la droite 2-3 prolongée aussi perce la face du mur. La hauteur du point 10' au-dessus de AX (*fig.* 32) doit être égale à la hauteur du point 10 au-dessus de AX' (*fig.* 34).

On opérera de la même manière pour construire les deux droites $1''$-r' (*fig.* 35) et r—4' (*fig.* 32), qui forment l'ombre portée par la droite 1-4 sur le parallélépipède et sur le mur.

3e *Opération.* La courbe $4'x'''3'$ (*fig.* 32), qui est l'ombre portée par l'arc $4x'3, 4x''3$, ne présentera pas de difficulté. Les hauteurs des points pourront être vérifiées par la projection (*fig.* 34). Ainsi, la hauteur du point x''' au-dessus de AX doit être égale à Ax''.

4e *Opération.* Les deux plans tangents formés par les rayons lumineux qui s'appuient sur les droites 2–3, 1–4, couperont le cylindre horizontal C, C′ suivant deux ellipses inclinées qui sont les ombres portées par une partie de chacune des deux droites 2–3, 1–4.

La courbe v'''-o''–$6'''$ (*fig.* 35) provient de l'intersection du cylindre C, C′ par les rayons lumineux qui s'appuient sur la portion de droite 5–6 (*fig.* 34 et 35). Les deux points 5 et 6 seront déterminés sur la *fig.* 34 en construisant les deux tangentes 5-5′ et 6–6′ parallèles à la projection $5''$–l'' du rayon de lumière. Le diamètre 5′–6′, perpendiculaire à la direction de s''–l'', déterminera avec exactitude les deux points de tangence 5′ et 6′ dont les projections horizontales $5''$ et $6''$ seront sur les droites 5–$5''$, 6–$6''$ tangentes à l'ellipse v''-o''–$6''$.

On déterminera ensuite, de préférence, les points v''', v''' suivant lesquels la courbe est touchée par les deux droites v''–v''' situées dans le plan horizontal qui contient l'axe du cylindre C, C′.

Les deux points o'', o'', situés dans le plan vertical qui contient le même axe, appartiennent à la tangente 2^{V}–$9'$ et à une autre tangente parallèle à la première et qui passerait par le deuxième point o''.

On déterminera de cette manière un assez grand nombre de points pour que la courbe puisse être tracée avec exactitude.

On remarquera aussi combien la projection auxiliaire (*fig.* 34) facilite les constructions. Cela vient d'abord de ce que cette projection est parallèle au cylindre D′, D″ et ensuite de ce qu'elle est perpendiculaire à toutes les surfaces sur lesquelles les ombres sont portées.

61. En général, dans toutes les questions où il s'agira de construire la courbe de pénétration de deux surfaces, le travail sera toujours considérablement simplifié si l'on place l'une d'elles perpendiculairement à l'un des plans de projection; ce que l'on pourra toujours faire lorsque cette surface sera un plan, un prisme ou un cylindre; elle devient alors l'une des deux surfaces projetantes de la courbe cherchée, dont il ne reste plus qu'à construire la seconde projection.

La courbe $v^{iv}-o'''-v^{v}-o'''$, projection verticale de la courbe $v'''-o''-v'''-o''$, s'obtiendra en prenant les hauteurs de tous les points sur la figure 34.

Ainsi les deux points v^{iv}, v^{v} sont à la hauteur de l'axe $a-a$, l'un des points o''' est dans la face supérieure du parallélépipède, et le second point o''' est sur la génératrice la plus élevée du cylindre C, C′.

On pourrait recommencer toutes les opérations précédentes pour construire l'ombre portée par la droite 7–8 (*fig.* 34 et 35); mais il sera plus simple de prendre la distance $o''-o^{v}$ (*fig.* 35) et de la porter sur un certain nombre des génératrices du cylindre C′ à partir des points où ces génératrices sont coupées par l'ellipse $o''-v'''-o''-v'''$.

On pourra employer le même moyen pour construire la projection verticale de la même courbe, dont les points devront d'ailleurs se trouver sur les verticales élevées par les points correspondants de la projection horizontale.

Cette dernière opération complétera l'ombre portée par le cylindre incliné sur le cylindre horizontal.

62. *Ligne de séparation sur le cylindre horizontal.* Cette ligne se compose (*fig.* 32 et 35):

1°. Des deux droites horizontales 11–12, 13–14;

2°. De l'arc de cercle dont les projections sont $12-v-o-14$ et $12-v'-14$;

3°. Enfin, d'un autre arc de cercle appartenant à la seconde base du cylindre, qui ne peut pas être vu, et qui d'ailleurs est supprimé par le plan de la projection auxiliaire (*fig.* 34).

Les droites 11–12, 13–14 étant perpendiculaires au plan de

la *fig.* 34, ont pour projections sur ce plan les deux points 5′ et 6′. Les deux droites 5–5′, 6–6′, tangentes au cercle C″ et parallèles à s''–l'', sont les intersections du plan de la *fig.* 34 par les deux plans formés par les rayons lumineux qui sont tangents au cylindre C′, C″, suivant les droites 11–12, 13–14.

Les ombres portées par le cylindre horizontal sur le mur et sur la face supérieure du parallélépipède, ne présentent pas assez de difficultés pour embarrasser le lecteur.

Cylindre vertical.

62. Lorsqu'il y a dans les données quelques relations de symétrie et de régularité, il en résulte presque toujours simplification dans le résultat.

Ainsi, par exemple (*fig.* 37), s'il s'agissait de construire l'ombre portée sur le plan de projection par un cylindre circulaire placé verticalement, on construirait le carré circonscrit au cercle formant la base supérieure du cylindre, et l'on chercherait de préférence les ombres des points 1, 2, 3, 4, 5, 6, 7 et 8, dont quatre sont situés sur les côtés du carré et les quatre autres sur les diagonales; et si nous supposons de plus (15), que la projection horizontale du rayon de lumière fasse un angle de 45° avec la ligne de terre, le plan vertical qui contient les points 8 et 4 déterminera les ombres de ces points, ainsi que les angles du carré et le centre de l'ellipse qui forme l'ombre du cercle.

Des parallèles à la ligne de terre détermineront tous les autres points.

Les limites d'ombre sur la surface du cylindre seront déterminées par les deux plans verticaux tangents aux points 2 et 6.

Moulures.

Cavé.

63. Les moulures qui forment la plus grande partie des profils d'architecture sont presque toutes des surfaces cylindriques: je prendrai pour premier exemple celle à laquelle on donne le nom de *cavé* (*fig.* 40, *Pl.* 6).

Cette moulure est formée par deux quarts de cylindres circulaires et concaves, dont l'un est perpendiculaire et l'autre parallèle au plan vertical de projection.

La ligne de séparation se compose :

1° De l'arète 1–2, provenant de l'intersection des deux faces verticales du monument;

2° De l'arc 2–5 appartenant au quart d'ellipse 2-5-6, qui résulte de l'intersection des deux surfaces cylindriques de la moulure.

Le point 5 est déterminé par le rayon o–5 perpendiculaire à la direction s–l de la lumière.

La courbe 5–3′ est l'ombre portée par l'arc 5–3, dans le cylindre perpendiculaire au plan vertical de projection, et la petite courbe 3″–2′ provient de l'ombre portée par l'arc 3–2.

La courbe 5–3′ est une courbe à double courbure, résultant de l'intersection du cylindre perpendiculaire au plan vertical, par le cylindre oblique que forment les rayons lumineux qui s'appuient sur le quart d'ellipse 2–5–6.

Les mêmes rayons prolongés jusqu'au plan horizontal, déterminent l'arc d'ellipse 2′–5′–7′ dont fait partie la petite courbe 2′-3″.

La droite 2′–1′ est l'ombre portée par l'arête verticale 1–2.

Enfin, les droites 6–6′, 6′–3″, sont les ombres portées par les arètes verticale et horizontale qui aboutissent au point 6.

Symaise.

64. Cette moulure (*fig.* 42) est formée par deux surfaces cy-

lindriques, ayant pour directrices la courbe à deux centres 6-7-8-9-10, qui forme le profil de la projection verticale.

L'ombre dans le cavé se déterminera comme dans l'exemple précédent.

L'ombre de la petite arète 5-6 aura pour projection horizontale une ligne droite, parce qu'elle résulte de l'intersection du cylindre de la moulure par un plan vertical.

L'ombre de l'arète horizontale du point 5 sera aussi une ligne droite, parce qu'elle résulte de l'intersection de la moulure par un plan qui lui est parallèle.

La courbe 2'-4'-5' est à double courbure, parce qu'elle provient de l'intersection de la surface cylindrique de la cymaise par le cylindre oblique que forment les rayons lumineux qui s'appuient sur l'arc 2-4-5.

La ligne 2'-1' est courbe, mais elle se projette en ligne droite parce qu'elle est située dans le plan vertical qui contient l'arète 1-2.

L'intersection de ce même plan avec le plan horizontal produit la droite 1'-1''.

La ligne de séparation sur la cymaise se compose : 1° de la droite horizontale 7-7'', suivant laquelle le cylindre perpendiculaire au plan vertical de projection est touché par un plan parallèle aux rayons de lumière;

2° De la courbe 7-8-9, faisant partie de l'intersection des deux cylindres de la moulure.

Le point de tangence 7 et, par conséquent, la ligne de tangence 7-7'', seront déterminés par la droite o-7 perpendiculaire à la direction de *s-l*.

Le point 9 sera déterminé par la droite o'-9, parallèle à o-7 et perpendiculaire à *s-l*.

Base du pilastre de l'ordre toscan avec le talon du piédestal.

65. Les ombres du cavé et de la plinthe se détermineront comme dans l'exemple précédent.

La ligne de séparation sur le quart de rond se compose :

1° De la droite 1–2, suivant laquelle le cylindre perpendiculaire au plan vertical de projection est touché par un plan parallèle aux rayons lumineux;

2° De la courbe 2–3–4 faisant partie de la demi-ellipse qui résulte de l'intersection des deux cylindres circulaires dont se compose la moulure;

3° De la droite horizontale 4–6 suivant laquelle le cylindre parallèle au plan vertical est touché par le plan des rayons lumineux.

Le point de tangence 2 et la ligne de tangence 1–2 sont déterminés par le rayon 0–2, perpendiculaire à la projection s–l du rayon lumineux.

Quant à la ligne de tangence 4–6, on pourra l'obtenir de deux manières différentes.

66. *Première solution. Principe des plans coupants* (8).

Première opération. On construira la courbe a–c–e, a'–c'–e', résultant de la section du quart de rond par un plan vertical dont la trace s''–l'' serait parallèle à la direction de s'–l'.

Deuxième opération. On construira la tangente s^{IV}–l^{IV} parallèle à s–l, et l'on déterminera le point de tangence 5 le plus exactement qu'il sera possible : ce point déterminera l'horizontale 4–6.

67. *Deuxième solution.* Si l'on conçoit un plan auxiliaire de projection dont la trace serait l''–s^{V} et qu'on le fasse tourner autour de la verticale du point l'', la courbe suivant laquelle ce plan coupe le cylindre parallèle au plan vertical viendra se confondre avec celle qui forme le profil de la moulure.

Si nous concevons de plus un rayon quelconque tel que s'''–l''', s''–l'', le point s''', s'' se projettera en s^{V} sur le nouveau plan de projection, et ce dernier point s^{V} étant rabattu en s^{VI}, on en déduira s^{VII}, de sorte que la droite s^{VII}–l''' sera la projection du rayon de lumière sur le plan auxiliaire s^{V}–l'', rabattu en s^{VI}–l''.

L'opération se réduira donc à construire la tangente s^{VIII}–l^{IV}, parallèle à la direction s^{VII}–l''' de la lumière.

Le point de tangence 4 et, par conséquent, la ligne de tangence 4-6, seront déterminés par le rayon o-4 perpendiculaire à s^{VII}-l'''.

Les mêmes moyens serviront pour déterminer la ligne de séparation et l'ombre portée sur le talon.

Ainsi, 1° après avoir construit la courbe provenant de la section par le plan vertical s''-l''', on tracera les rayons de lumière qui passent par les points 7 et 10, ainsi que le rayon tangent au point 8, que l'on déterminera le plus exactement qu'il sera possible;

2° Le rayon qui touche la section au point 7 percera la courbe en un point qui déterminera l'ombre portée sur le talon par l'arête inférieure de la plinthe;

3° Le rayon tangent au point 8 déterminera le point 9 et la droite 9-12, suivant laquelle la surface concave du talon est rencontrée par le plan des rayons lumineux qui s'appuient sur l'horizontale 8-11.

On peut aussi considérer le profil à droite du talon comme la projection sur le plan s^{V}-l'' rabattu en s^{VI}-l'', les tangentes parallèles à s^{VIII}-l''' déterminent tous les points de tangence et d'ombre portée sur les moulures parallèles au plan vertical.

Cylindre creux.

68. La figure 41 se compose des deux projections d'un berceau circulaire parallèle au plan vertical de projection. Le plan de coupe, parallèle aussi au plan vertical de projection, contient l'axe du berceau.

69. Si l'on applique le principe des plans coupants, il faudra construire le quart d'ellipse 2-4'-a, provenant de la section du berceau par le plan vertical o-2-a', parallèle à s'-l'.

La tangente s'''-l''', parallèle à s-l, déterminera (53) le point de tangence 4', et par suite le point 4.

Le rayon de lumière du point 2 déterminera le point 2' et la droite 2'-2''.

Pour obtenir le point 3′, il faudrait construire l'arc d'ellipse provenant de la section du berceau par le plan vertical qui contient le rayon de lumière du point 3. Cet arc n'a pas été conservé sur l'épure.

70. Lorsque les projections du rayon de lumière font des angles de 45° avec la ligne de terre, les sections par les plans verticaux qui contiennent ces rayons, se projettent sur la figure 41 par des arcs de cercle. Mais, dans tous les cas, il est plus simple d'employer (61) la projection auxiliaire rabattue à droite de la figure 41.

Cette projection est perpendiculaire au cylindre formant l'intrados du berceau, qui alors sera projeté par sa trace 2′–a''.

La droite o′–4‴, perpendiculaire sur s''–l'', déterminera le point 4‴, et par suite le point 4.

Les rayons de lumière 2′–2‴, 3‴–3ⁱᵛ perceront le cylindre en des points dont les projections 2‴, 3ⁱᵛ détermineront les points 2′ et 3′.

Engrenages.

71. Pour deuxième application des surfaces cylindriques, nous construirons (*PL.* 7) l'ombre portée par les diverses parties d'une roue d'engrenage sur elle-même, et sur quelques surfaces extérieures.

Mon but n'étant pas de présenter ici les principes de la construction des machines, je ne parlerai pas des conditions auxquelles doit satisfaire la courbe qui sert de directrice à la surface cylindrique de chaque dent; et admettant cette courbe comme rigoureusement déterminée, le lecteur se contentera d'en copier sur l'épure la projection horizontale, en la considérant comme faisant partie des données de la question qui nous occupe.

La projection horizontale étant tracée, il sera facile d'en déduire la projection verticale.

La partie de l'arbre qui est projetée sur l'épure, se compose de trois cylindres circulaires A, C, E, de différens rayons, et cet arbre est pénétré à angle droit par un quatrième cylindre D horizontal, et d'un plus petit diamètre.

Pour construire les courbes de pénétration de ces deux cylindres, il suffit (*Géom. descrip.*) de relever les points où les projections des génératrices du cylindre horizontal rencontrent la trace du cylindre vertical.

72. *Ombres*. La direction de la lumière est donnée par les deux projections du rayon s–l, s'–l'.

Cylindres verticaux de l'arbre. Ces trois cylindres ayant le même axe, *la ligne de séparation* sur chacun d'eux sera déterminée (*fig.* 44) par le diamètre 3′–3′, perpendiculaire à la projection horizontale s'–l' de la lumière.

Le point 1′ déterminera, sur le plus petit cylindre, la ligne de séparation 1–1, le point 3′ déterminera la ligne 3–3 sur le plus grand cylindre. Enfin, le point 2′ donnera la droite 2–2 sur le cylindre qui forme l'arbre de la roue.

La courbe g–2 (*fig.* 43) est à double courbure et provient de l'intersection du cylindre vertical E par le cylindre oblique que forment les rayons lumineux qui s'appuient sur l'arète inférieure du cylindre C.

Les deux petites courbes 2^{v}–2^{vi} appartiennent à une même ellipse et résultent de l'intersection du cylindre horizontal D par le plan vertical contenant les rayons lumineux qui touchent le cylindre E suivant la droite 2–2, de sorte que ces courbes 2^{v}–2^{vi} appartiennent à l'ombre portée par le cylindre E sur le cylindre D.

Les droites 1′–1″, 2′–2″, 3″–3‴ (*fig.* 44) sont les intersections de la face supérieure du cylindre C et de celle de la roue, par les plans lumineux tangens aux cylindres A, C, E.

Les arcs 3″–2″, 3‴–z appartiennent à deux circonférences décrites des points o' et o'' comme centres avec des rayons égaux à $o3'$; ces deux circonférences sont les ombres portées sur la surface de la roue, par les deux bases du cylindre C. Les centres o' et o'' s'obtiennent en construisant (*fig.* 43) les rayons de lumière o'''–o^{iv}, o^{v}–o^{vi}.

Enfin, la petite droite $2'''-2^{IV}$, située dans le prolongement de $2'-2''$, est la trace horizontale du plan lumineux tangent au cylindre E, et fait par conséquent partie de l'ombre portée par ce cylindre sur le plan horizontal de projection.

Cylindre horizontal. La ligne de séparation sur ce cylindre, peut se déterminer de plusieurs manières.

73. *Première solution.* On construira (*fig.* 43) l'ellipse d-d'-d-d'' résultant de la section du cylindre D par un plan hk (*fig.* 44), vertical et parallèle à la direction du rayon de lumière $s'-l'$ (8).

On déterminera ensuite avec exactitude (*fig.* 43) les deux points 4, 5 suivant lesquels cette ellipse est touchée par les deux rayons $s'''-l'''$, $s''-l''$ (53).

Le point 4 détermine la droite $4'''-4$, et le point 5, projeté horizontalement en $5'$, appartient à la droite $5^{IV}-5'$, de sorte que les lignes de séparation sur le cylindre horizontal seront déterminées.

74. *Deuxième solution.* On fera tourner le cylindre D autour de la verticale du point o, jusqu'à ce qu'il soit perpendiculaire au plan vertical de projection. Dans cette nouvelle position il aura pour projection verticale la circonférence D'.

Si l'on choisit ensuite un rayon quelconque $9-x$, $9'-x'$, et qu'on le fasse tourner de la même quantité, le point 9-$9'$ décrira un arc horizontal $9'$-$9''$, égal à l'arc $t-t'$ qui mesure l'angle parcouru par l'axe du cylindre D, et le point $9'$ viendra se placer en $9''$, d'où on déduira $9'''$ pour la nouvelle projection verticale du point 9.

Le point $x-x'$ décrira un arc horizontal $x'-x''$ égal à $t-t'$, et viendra se placer en x'', d'où l'on déduira x''' pour la nouvelle projection verticale du point x.

Ainsi, $9'''-x'''$ sera la projection du rayon de lumière sur le plan vertical perpendiculaire à la direction du cylindre D.

Il résulte de là, que le diamètre $4''-5''$, perpendiculaire à $9'''-x'''$, détermine les points de tangence $4''$, $5''$; et les droites $s^{IV}-l^{IV}$, $s^{V}-l^{V}$, perpendiculaires à $4''-5''$, seront les traces des deux plans tangens parallèles à la direction du rayon de lumière $9'''$-x'''; faisant revenir le tout à sa place, les deux lignes de tangence, projetées par les points $4''$, $5''$, deviennent $5'''$-$5''$, $4'''$-$4''$.

La petite courbe $4'$-$6''$ est un arc d'ellipse et résulte de l'intersection du cylindre vertical par le plan des rayons lumineux qui touchent le cylindre D suivant la droite $4'''$-$4''$.

On construira quelques-uns des rayons qui s'appuient sur cette droite. Ainsi, la projection horizontale du rayon qui contient le point 6, rencontre la circonférence $2'$-$2'$, qui est la trace du cylindre C, en un point $6'$, d'où l'on déduit la projection verticale $6''$, qui appartient à la courbe demandée.

Ombre de la roue. La surface de cette roue se compose d'une suite de surfaces cylindriques alternativement convexes et concaves, séparées les unes des autres, par des petites faces verticales telles, par exemple, que *ac*, *a'c'* pour les dents M, M' (*fig.* 44).

La petite face verticale projetée par *ac*, se nomme *le flanc*, et doit être tangente d'un côté à la surface convexe que l'on nomme *la dent*, et de l'autre côté au cylindre concave que l'on nomme *le creux*. Mais toutes ces surfaces étant perpendiculaires au plan horizontal, leur ensemble peut être considéré comme ne formant qu'une même surface cylindrique.

Pour obtenir *la ligne de séparation* sur la roue, on tracera parallèlement à s'-l', toutes les tangentes qu'il sera possible de construire au contour de la projection horizontale, et l'on déterminera tous les points de tangence, le plus exactement qu'il sera possible ; toutes les parties de la ligne de séparation seront alors déterminées.

Ainsi, par exemple, si nous commençons par la dent B, en allant vers la droite, cette ligne ce compose :

1° De la verticale 7-7 (*fig.* 43), suivant laquelle la dent B est touchée à droite par le plan p-$7'$, parallèle à s'-l' (*fig.* 44) ;

2° De la petite courbe 7-8, $7'$-$8'$ située dans le plan horizontal formant le dessus de la roue : le point 8′ est déterminé par le plan p'-8′, tangent au creux ;

3° La courbe 8′-9′ située dans la face inférieure de la dent B′ ;

4° L'arète verticale 9-9 (*fig.* 43), suivant laquelle l'angle de la dent est touché par le plan p''-9′, parallèle à la lumière ;

5° La courbe 9-10, 9′-10′, située dans la face supérieure de la roue ; et ainsi de suite.

74. La ligne de séparation étant bien reconnue dans tout le contour de la roue, il ne reste plus qu'à construire l'ombre.

Supposons d'abord que l'on veuille obtenir l'ombre portée sur la surface de la dent, par le point le plus élevé de la verticale 11-11 (*fig.* 43). On construira le rayon lumineux passant par ce point ; le plan vertical qui contient ce rayon, coupera la surface verticale de la dent B″, suivant une verticale 11‴-11ᵛ, dont l'intersection avec 11-11″ donne 11″ pour l'ombre du point 11.

On déterminera de la même manière autant de points que l'on voudra. La courbe 12-11″ est à double courbure, et résulte de l'intersection du cylindre vertical formant la surface de la dent par le cylindre oblique provenant de l'ensemble des rayons lumineux qui s'appuient sur la courbe horizontale 11-12.

Les points 8, 10, 12 et tous les points analogues, sont déterminés par les plans tangents aux cylindres concaves qui forment les creux des dents.

Les ombres portées sur le cylindre vertical et sur le plan vertical de projection ne présenteront aucune difficulté.

L'ombre portée sur le plan horizontal provient des rayons qui s'appuient sur l'arète inférieure des dents H et H′.

75. On peut construire cette courbe d'une manière fort simple on supposera d'abord le rayon passant par le centre de la face inférieure de la roue. Le point o^{ix}, suivant lequel ce

rayon perce le plan horizontal, sera le centre de deux cercles concentriques entre lesquels on dessinera une figure absolument égale et parallèle à celle qui forme le contour de la projection horizontale de la roue.

L'ombre de l'arète inférieure des dents sera déterminée (25). Il ne restera plus qu'à y ajouter les petites droites $13'-13''$, $14'-14''$, tangentes aux courbes obtenues ainsi qu'aux dents H et H', et formant l'ombre portée par les verticales des points 13 et 14, suivant lesquelles ces dents sont touchées par deux plans parallèles aux rayons lumineux.

Si l'ombre des dents qui sont dans la partie opposée de la roue avait lieu sur le plan horizontal, il faudrait construire de la même manière l'ombre portée par la face supérieure de la roue.

Les ombres portées par les arètes inférieures des dents, sur le cylindre horizontal D, peuvent être déterminées de plusieurs manières.

76. *Première solution.* Supposons que l'on veuille obtenir l'ombre portée par l'extrémité inférieure de l'arète 9-9. On construira (*fig.* 43) l'ellipse $d'''-d^{iv}$, résultant de l'intersection du cylindre D par le plan vertical $p''-x'$, qui contient le rayon de lumière du point 9; l'intersection de cette ellipse par la projection verticale $9-x$ du rayon, déterminera le point $9''$, ombre du point 9.

77. *Deuxième solution.* On supposera, comme nous l'avons dit plus haut, le cylindre D ramené dans une position perpendiculaire au plan vertical de projection, et ayant par conséquent, pour sa nouvelle projection, la circonférence D'.

L'intersection de cette circonférence par la droite $9'''-x'''$, qui est la nouvelle projection du rayon de lumière sur le plan perpendiculaire au cylindre D, déterminera le point d'ombre $9'''$, que l'on ramènera sur le rayon $9-x$, en lui faisant parcourir l'arc horizontal qui a pour projections $9'''-9''$, $9^{iv}-9^{v}$.

Les courbes $7''-7'''$, $9''-d'''$ sont des arcs d'ellipses, et résultent de l'intersection du cylindre D par les plans qui touchent les dents suivant les verticales des points 7, 9, etc.

La courbe $7'''-9''$ et les courbes analogues sont à double courbure, et proviennent de l'intersection du cylindre D par les portions de cylindres obliques formés par les rayons qui s'appuient sur les arètes inférieures des dents.

Les deux grandes courbes 15-16, 16-17 sont à double courbure, et proviennent des intersections des deux cylindres A et D par le cylindre parallèle à la direction de la lumière, et qui aurait pour directrice la circonférence horizontale passant par les extrémités inférieures des dents.

CHAPITRE II.

Surfaces coniques.

Cône oblique.

78. Les raisons qui m'ont engagé, (article 57) à choisir, comme sujet d'exercice, un cylindre circulaire, me déterminent encore ici à prendre pour exemple un cône de révolution. Mon but, dans cet Ouvrage, étant surtout de familiariser le lecteur avec les difficultés de l'application, je crois devoir choisir de préférence les questions qui se présentent le plus souvent dans la pratique.

Les données (*fig.* 46 et 48, *PL.* 8) sont, 1° les deux projections $s-o$, $s'-o'$, de l'axe d'un cône droit à base circulaire;

2° Le rayon du cercle provenant de la section de ce cône par un plan perpendiculaire à son axe et passant par le point o;

3° Les deux projections $s-l$, $s'-l'$, d'un rayon de lumière.

79. *Projections.* On construira d'abord (*fig.* 49) la projection du cône sur un plan vertical parallèle à son axe; cette

première projection donnera les axes de l'ellipse qui est la projection horizontale de la base du cône sur la figure 48.

Les distances p–o', q–s', étant portées de o en o'' et de s en s''', on construira la figure 45 que l'on pourra considérer comme une section du cône par un plan qui contiendrait son axe, et qui serait perpendiculaire au plan vertical de projection. Cette deuxième opération fera connaître les axes de l'ellipse suivant laquelle la base du cône se projette sur le plan vertical (*fig.* 46).

80. *Trace du cône.* Les génératrices s''–a, s''–a (*fig.* 49), percent le plan horizontal en deux points a', a', qui sont les extrémités du grand axe de l'ellipse cherchée; le point c', milieu de a'–a', sera le centre de cette ellipse, et le petit axe b'–b', projeté sur la figure 49, par un seul point c, doit être égal au double de la ligne cb.

En effet, l'axe b'–b', perpendiculaire au plan de la figure 49, est une corde commune à l'ellipse cherchée a'–b'–a'–b', et au cercle provenant de la section du cône par le plan a''–a'', perpendiculaire à son axe. Si donc on rabat cette dernière section sur le plan de la figure 49, l'une des extrémités de la corde horizontale b'–b' viendra se placer en b sur la circonférence décrite du point o''' comme centre avec le rayon o'''–a'', ce qui déterminera la longueur de cb, moitié de b'–b', second axe de l'ellipse a'–b'–a'–b'.

Si du point c' comme centre on décrit l'arc de cercle a'–u, et que l'on construise (*Géom.*) le point u suivant lequel cet arc serait touché par la tangente s'–u, l'ordonnée u–u'' déterminera les points u', u', et, par conséquent, les deux tangentes s'–u', s'–u', qui complètent la projection horizontale du cône.

Enfin, le diamètre v'–v', passant par le milieu d'une corde quelconque a'–d, perpendiculaire au plan de la figure 46, détermine les points de tangence v', v', et par suite, les tangentes s–v, s–v, ce qui complète et vérifie en même temps la projection verticale du cône.

Ombres.

81. *Ligne de séparation sur le cône.* Cette ligne se compose de l'arc de cercle 1-2-3 et des droites *s*-1, *s*-3, suivant lesquelles le cône est touché par deux plans parallèles à la direction de la lumière, de sorte que cette ligne passe par les points *s*-1-2-3-*s*.

Il est évident qu'aussitôt que les droites *s*-1, *s*-3 seront déterminées, l'arc 1-2-3 le sera aussi. Cette question peut être résolue de plusieurs manières, je me bornerai, pour le moment, à en indiquer deux.

82. *Première solution.* Le rayon de lumière *s*-*l*, *s'*-*l'*, passant par le sommet du cône, perce le plan horizontal en un point *l''* par lequel on construira les deux droites *l''*-*h*, *l''*-*k*, tangentes à l'ellipse *a'*-*b'*-*a'*-*b'*; ces lignes seront (*Géom. descrip.*) les traces de deux plans tangents formés par les rayons lumineux qui s'appuient sur le cône.

Les points de tangence 1', 3' appartiennent aux droites *s*-1, *s*-2, qui seront alors déterminées.

Pour la construction des points de tangence, je rappellerai le principe connu (*courbes du* 2e *degré*). Soit (*fig.* 47) l'ellipse *a*-*b*-*a*-*b*, à laquelle on veut mener des tangentes par le point extérieur *l*; on décrira d'abord, de ce point comme centre, un arc de cercle *mm'*, passant par l'un des foyers F; ensuite, de l'autre foyer F' comme centre, avec un rayon égal au grand axe *a*-*a* de l'ellipse, on décrira un second arc de cercle *n*-*n'*; on joindra les points de rencontre *v*, *u* de ces deux arcs de cercle avec le foyer F', par deux droites *v*F', *u*F', dont les intersections avec la courbe seront les points de tangence demandés.

83. La solution employée précédemment (82), pour déterminer les droites *s*-1, *s*-3 est générale comme principe, en cela qu'elle peut s'appliquer à toutes les surfaces coniques; mais, la plupart des cônes employés dans l'industrie étant circu-

laires, il sera utile d'indiquer la méthode suivante, d'autant plus, qu'il est très rare que l'on ait sur la feuille de dessin les traces du cône dont on cherche l'ombre.

84. *Deuxième solution.* Si d'un point o^{IV} pris à volonté sur l'axe, on décrit une circonférence z–z, tangente aux deux droites s'–u' qui forment la limite de la projection horizontale du cône, on pourra considérer cette circonférence comme la projection commune aux deux ellipses suivant lesquelles le cône serait coupé par les deux plans z'–z', z''–z'', perpendiculaires à la projection (49).

Les points z', z'' sont déterminés par les droites $zz''z'$, $zz'z''$, tangentes à la circonférence zz.

Le plan $z'z'$ est percé par le rayon de lumière qui contient le sommet du cône, en un point t d'où l'on déduira t' (*fig.* 48); et les deux droites t'–1″, t'–3″, tangentes à la circonférence z–z, seront les intersections du plan z'–z', par les deux plans tangents formés par les rayons lumineux qui s'appuient sur le cône; de sorte que les points de tangence 1″ et 3″, construits avec exactitude (*Géom.*), déterminent les deux droites s–1, s–3.

J'ai employé le plan z'–z' de préférence au plan z''–z'', parce que ce dernier aurait été rencontré trop loin par le rayon de lumière du sommet. En faisant la section z'–z' à une plus grande distance du sommet, la circonférence z–z sera plus grande et les constructions plus exactes.

Les ombres portées ne présenteront pas de difficultés.

Cône droit.

85. Le rayon s–l, s'–l', passant par le sommet du cône (*fig.* 50), perce le plan horizontal en un point l'.

Les tangentes l'–1, l'–2 sont les traces des deux plans formés par les rayons lumineux qui s'appuient sur le cône. Les lignes s–1, s–2 forment les lignes de séparation.

Si l'on veut construire l'ombre portée sur le cône par un

point extérieur mm', on construira les deux rayons $s-l$, $s'-l'$, $m-m''$, $m'-m'''$, qui détermineront un plan passant par le sommet du cône et par le point donné. Ce plan, dont la trace horizontale est $v'-u'$, coupe le cône suivant la génératrice $s'-v'$, dont l'intersection par le rayon mm'' détermine m'' pour l'ombre portée par le point m sur le cône (8).

La droite ms, $m's'$ étant située dans le plan svu, $s'v'u'$, perce le plan horizontal en un point u', situé sur la trace de ce plan, ce qui peut servir de vérification.

Cône creux.

86. Pour construire l'ombre portée dans un cône creux par une partie de la circonférence du cercle qui lui sert de base, il suffit d'appliquer le principe précédent à chacun des points de cette courbe.

Pour déterminer d'abord la partie qui forme la ligne de séparation, on construira (*fig.* 52) :

1° Le rayon de lumière $s-l$, $s'-l'$;

2° Les deux tangentes $l'-1$, $l'-3$.

87. Si au lieu d'être, comme nous le supposons ici, creusé dans un massif de terre ou de maçonnerie, le cône était formé d'une matière assez mince pour que l'on pût faire abstraction de l'épaisseur de sa paroi, l'arc 1-2-3 porterait son ombre dans l'intérieur du cône, tandis que l'arc 3-4-1 porterait son ombre en dehors, et la ligne totale de séparation se composerait de la circonférence entière 1-2-3-4 et des deux droites $s-1$, $s-2$, suivant lesquelles le cône serait touché par deux plans parallèles à la direction de la lumière.

Mais, n'ayant à considérer ici que l'ombre portée dans l'intérieur du cône, la ligne de séparation se réduit à l'arc 1-2-3.

Pour avoir l'ombre d'un point mm', nous construirons :

1° La droite $l'-m'-n'$, provenant de la section du plan de la circonférence par le plan qui contient le sommet du cône et le rayon de lumière du point mm' ;

2° La droite *n-s*, *n'-s'* suivant laquelle le cône est coupé par le plan *s'l'n'*;

3° Enfin, le point *m''*, ombre du point *m*, résultera de l'intersection de *n'-s'* avec *m'-m''*.

Le rayon de lumière *o-o'* perce le plan horizontal *v-u* en un point *o''*; l'arc *ι b* décrit de ce point comme centre avec un rayon égal à *oa*, sera l'ombre portée sur le plan *vu* par une partie de l'arc 1-2-3.

88. L'ombre portée dans le cône par ce dernier arc appartient à une ellipse. En effet,

Soit *a-a'* (*fig.* 51) la circonférence qui forme la base du cône. Cette courbe devient la directrice d'un cylindre AA formé par les rayons lumineux; or, si l'on coupe le cylindre et le cône par un plan *b-b'*, perpendiculaire au plan des deux droite A*o*, *so*, le cône et le cylindre seront coupés suivant deux ellipses qui auront :

1° Un axe commun *b-b'*;

2° Un point commun *m*.

Donc, ces deux courbes coïncideront et, par conséquent, n'en feront qu'une. Ainsi, la portion d'ellipse *b'-m* étant située en même temps sur le cône et sur le cylindre, peut-être considérée comme l'intersection de ces deux surfaces, et sera par conséquent l'ombre portée dans le cône par l'arc de cercle *am* (10), qui est la directrice du cylindre formé par les rayons lumineux.

89. Si le point *s* s'éloignait jusqu'à l'infini, le cône deviendrait un cylindre, ce qui ne changerait rien à ce que nous venons de dire.

Ainsi, dans l'exemple du n° 68 (*fig.* 41), la courbe 4'-3'-2' appartient à une ellipse située dans un plan perpendiculaire à celui qui contiendrait les axes du berceau et celui du cylindre formé par les rayons qui s'appuient sur l'arc *ac*.

Engrenages coniques.

Les principes exposés précédemment trouveront leur application dans le dessin des machines.

Supposons, par exemple, qu'il s'agissent de tracer les ombres sur des roues d'engrenages coniques (*PL.* 9).

90. La courbe directrice de la surface convexe de chaque dent, doit satisfaire à des conditions dont l'exposé n'est pas de nature à trouver place ici. Les opérations graphiques qu'elles exigent ne pourraient pas d'ailleurs être faites avec assez d'exactitude sur une échelle aussi petite. J'engagerai donc le lecteur, comme je l'ai fait pour les engrenages cylindriques, à considérer comme données les deux figures 55 et 59 qui sont les projections des deux roues sur des plans perpendiculaires à leurs axes.

Pour mieux faire comprendre les diverses parties de chaque roue, j'ai dessiné (*fig.* 53) une partie de la coupe de l'une d'elles par un plan qui contiendrait son axe.

La surface se compose :

1° De l'ensemble de tous les cônes alternativement convexes et concaves, qui forment la surface des dents et des creux ;

2° De deux cônes ayant pour génératrices les droites t-a', α-ν', et pour sommet les deux points t,α', situés sur l'axe de la roue ;

3° De deux plans yr, pw, parallèles entre eux et perpendiculaires à l'axe de la roue.

Projections.

91. On construira d'abord (*fig.* 59) les cercles passant par les points a, c, e, o ; l'intervalle compris entre les cercles a et c, correspond à la saillie de la dent ; l'intervalle des cercles e,o détermine le creux, et l'espace compris entre les cercles c,e est occupé par la petite face verticale que l'on

nomme *le flanc*, et qui est tangente aux deux surfaces coniques convexes et concaves de la dent et du creux.

Il sera facile alors de tracer en projection horizontale le contour inférieur de toutes les dents de la grande roue.

Les points a, c, e, o se projetteront sur la figure 56, par les points a', c', e', o', que l'on joindra avec le point S, sommet de tous les cônes qui composent la surface des dents.

Cette seconde opération donnera (*fig.* 56, 53) les points v', u', z', x', d'ou l'on déduira (*fig.* 59) les cercles passant par les points v, u, z, x, ce qui déterminera sur la projection horizontale les dimensions de la dent, du flanc et du creux, pour l'arète supérieure de la grande roue.

La figure 59 étant complète il sera facile d'en déduire la projection verticale.

Les cercles a, c, e, o, v, u, z, x, se projetteront sur la figure 56, par des droites parallèles à la ligne de terre, et sur lesquelles on élèvera, par des perpendiculaires, les points correspondants de la projection (59).

Ainsi, par exemple, chaque point du cercle a se projettera sur l'horizontale du point a', chaque point du cercle c sur l'horizontale c', etc.

92. Pour projeter la roue inclinée, on commencera par la figure 55. Il faut, dans la construction de cette projection, satisfaire aux conditions suivantes :

1° Que la surface conique qui aurait pour directrice le cercle c' de la grande roue, touche suivant la ligne sm' la surface conique correspondante de la petite roue;

2° Que la droite MN qui détermine les flancs des deux dents A, B (*fig.* 55) soit perpendiculaire à l'axe Sh, afin que les dents B et C (*fig.* 59) soient tangentes dans le plan qui contient les axes des deux roues;

3° Que les arcs déterminés par la somme des largeurs de la dent et du creux sur la circonférence de la petite roue (*fig.* 55) soient égaux aux arcs correspondans sur la circonférence de la grande roue (*fig.* 59).

La projection verticale de la roue inclinée étant obtenue, on s'occupera de sa projection horizontale qui présentera un peu plus de difficulté.

On commencera par construire (*fig.* 58) les projections elliptiques de tous les cercles qui, sur les figures 55 et 54, déterminent les dimensions des dents, des flancs et des creux.

Les centres et les petits axes de ces ellipses se déduisent de leurs projections sur la *fig.* 54 ; les grands axes sont les rayons des cercles tracés sur la *fig.* 55.

Les projections elliptiques de tous ces cercles étant construites, on déterminera chaque point, soit en abaissant une perpendiculaire de sa projection (*fig.* 54), soit en prenant sur la *fig.* 55 la distance du point que l'on veut obtenir à la droite MN qui est l'intersection de la projection 55 par le plan vertical qui contient les axes des deux roues.

Le lecteur devra rétablir un grand nombre de lignes qui ont été effacées pour ne pas embarrasser l'épure.

Ainsi, il devra construire, sur les *fig.* 54 et 56, les projections des parties des deux roues qui sont au-delà du plan vertical M′N′. Les projections de ces parties ne se confondent pas avec celles qui ont été conservés en lignes pleines, parce que le plan vertical qui contient les deux axes n'est pas et ne peut pas être un plan de symétrie par rapport aux roues. Cela provient de ce que les deux dents B, C se touchent dans ce plan ; et d'ailleurs, si on amenait le milieu de la dent C dans le plan de symétrie, on aurait, il est vrai, cet avantage que la grande roue serait projetée symétriquement sur la *fig.* 56, mais il n'en serait pas de même pour la roue inclinée. En effet, une dent s'appuyant toujours contre l'un des flancs de l'autre roue, on conçoit que le plan qui partagerait cette dent en deux parties symétriques ne pourrait pas partager symétriquement le creux dans lequel elle se trouve momentanément engagée.

Ombres.

93. *Ombre de la grande roue.*

1re *opération.* En concevant toutes les génératrices de la surface conique de la grande roue prolongées jusqu'à leur rencontre avec le plan horizontal ZX, on obtiendra la figure tracée en points sur la projection 59; les circonférences qui déterminent tous les points de cette courbe s'obtiendront en prolongeant les droites S-*a'*, S-*c'*... jusqu'au plan horizontal ZX.

2e *opération.* On déterminera le point L' suivant lequel le plan ZX est percé par le rayon de lumière du sommet, et l'on construira par ce point toutes les tangentes qu'il sera possible de mener à la courbe 1-2-3-4-5-6 que l'on peut considérer comme la trace horizontale du cône. Toutes les parties de la *ligne de séparation* seront alors déterminées.

Ainsi, par exemple, si nous commençons par la dent D (*fig.* 59), le plan 1-3 qui touche cette dent suivant la génératrice 1'-1", coupe le creux à droite suivant 3'-3".

La courbe 2'-3' est l'ombre de la petite courbe 1'-2' qui fait partie de la ligne de séparation, parce qu'elle provient de l'intersection de la surface 1'-1"-2'-2" qui est obscure, avec la partie éclairée du cône, formant la surface inférieure de la roue.

Le point 3' est l'ombre du point *1'* et provient de l'intersection de la génératrice 3-3" par le rayon du point 1'.

Le point 2' est déterminé par la tangente 2-L' qui est la trace du plan tangent suivant la droite 2'-2".

Les mêmes opérations détermineront l'ombre de la dent D'.

Ainsi le plan 4-6 touche cette dent suivant la génératrice 4'-4" et coupe le creux à droite suivant 6'-6".

La courbe 5"-6" est l'ombre de l'arète 4"-5" qui sépare la partie éclairée du cône supérieur de la roue de la partie obscure à droite de la dent D'. Le point 5" est déterminé par la génératrice 5'-5" suivant laquelle le creux est touché par le plan 5-L′ parallèle aux rayons de lumière (85). On peut déterminer autant de points que l'on voudra sur les courbes 2′-3′, 5″-6″, etc.

Ainsi, pour avoir l'ombre d'un point 7′ appartenant à la dent D″, on construira :

1° La génératrice 7′-7 ;

2° La droite 7-8-L′ qui est la trace du plan contenant le sommet S du cône et le rayon de lumière du point 7′ ;

3° La droite 8-8′ intersection du creux par le plan 7-8-L′ ;

4° Enfin, le point 8′ ombre du point 7, et provenant de la rencontre de la génératrice 8-8′ par le rayon 7′-8′.

Les résultats obtenus seront facilement reportés sur la projection 56, en relevant les points 1-2-3-4-5-6, etc., suivant lesquels les génératrices correspondantes percent le plan ZX.

On fera bien de vérifier, autant que possible, les résultats.

La *ligne de séparation* sur le cône, formant la surface inférieure de la roue, s'obtiendra en appliquant le principe du n° 85.

Ainsi le rayon de lumière passant par le point *t*, sommet de ce cône, perce le plan horizontal *a′-l′* (*fig.* 56) en un point *l′* dont la projection horizontale sera *l″*.

On construira par ce point la droite *l″n* tangente au cercle *an* que l'on peut considérer comme la base du cône.

On déterminera exactement le point de tangence *n*, dont la projection verticale *n′* donnera la droite *tn′* pour ligne de séparation sur le cône inférieur.

Ombres de la roue inclinée. Les génératrices (*fig.* 54) étant prolongées jusqu'au plan horizontal Z-X, on construira (*fig.* 58) la courbe 9-10-11-12-13, que l'on peut considérer comme la trace de la surface conique des dents et des creux.

La droite 9-13-L′, tangente à la courbe E, est la trace du plan qui toucherait la dent correspondante suivant 9′-9″-9‴ (*fig.* 53) ; ce même plan couperait le creux à droite suivant la génératrice 13′-13″-13‴, dont l'intersection par le rayon lumineux 9″-13″, donne 13″ pour l'ombre du point 9″.

On déterminera de la même manière le point 12″, ombre du point 10″.

On aurait pu faire ces opérations sur la projection 58, mais la partie d'ombre que nous venons de déterminer étant au-dessous de la dent aurait été cachée, et par conséquent moins facile à comprendre.

Au surplus, on commencera par déterminer les ombres sur la projection où les intersections se font le mieux, et il sera toujours facile, après cela, de les obtenir sur la seconde projection.

94. Le moyen que nous venons d'indiquer n'est presque jamais applicable; l'inclinaison de la roue rejetterait en dehors de la feuille de dessin les points les plus éloignés de la trace du cône oblique formant la surface de la roue. Il faut donc que nous en cherchions d'autres.

95. La première idée qui se présente sera de remplacer la section horizontale du cône par une section perpendiculaire à l'axe. Cette figure, que l'on pourrait construire autour de la projection 55, serait analogue à celle dont nous avons parlé au n° 93; elle aurait cet avantage qu'elle pourrait être construite avec beaucoup d'exactitude et de facilité par suite de la position de tous ses points sur des circonférences concentriques.

Mais nous sommes encore obligés de renoncer à ce moyen à cause de l'éloignement du point où le plan de cette figure serait percé par le rayon de lumière du sommet.

96. Je proposerai donc ici d'employer le principe exposé au n° 8, d'autant plus qu'il n'exige ni le sommet du cône ni le point de rencontre du plan de la section par le rayon de lumière du sommet.

97. Supposons (*fig.* 60) que l'on ait les deux projections d'un cône, on le coupera par un plan *vuu′* perpendiculaire au plan vertical de projection et parallèle à la direction *s–l* de la lumière.

On construira la projection horizontale *m'-n'* de la section ; les tangentes *t'-u'*, parallèles à la projection *s'-l'* du rayon lumineux, détermineront les points *t'*, *t'*, appartenant aux lignes de séparation, et les points *u'*, *u'*, qui font partie de l'ombre portée.

98. Le même principe a été appliqué (*fig.* 57) pour construire les ombres portées par un cône incliné sur un cône droit. Ainsi, après avoir coupé les deux cônes par un plan *vuu'* parallèle à la direction *s-l* du rayon lumineux, on a construit les projections horizontales des deux sections *m'n'*, *n'x'*.

Les rayons lumineux tangens à la première de ces deux courbes, ont déterminé les lignes de séparation sur le cône incliné ainsi que les ombres portées sur le cône droit; et les rayons tangens à l'ellipse *n'x'*, provenant de la section du cône droit, ont déterminé les lignes de séparation sur ce cône et les ombres portées sur le plan horizontal.

C'est ainsi que l'on a opéré pour déterminer les ombres sur la roue inclinée (*fig.* 54 et 58).

99. Après avoir prolongé les génératrices de la surface conique de cette roue, on les a coupées par le plan VU perpendiculaire au plan vertical de projection et parallèle à la direction S-*l* du rayon lumineux. Cette première opération a donné la courbe 9^{IV}, 10^{IV}, 11^{IV}, 12^{IV}, 13^{IV}, tracée en points sur la projection horizontale (*fig.* 58).

Toutes les tangentes qu'il a été possible de mener à cette courbe parallèlement à la projection horizontale S'-L' du rayon lumineux, ont déterminé toutes les parties de la ligne de séparation.

Ainsi la tangente 9^{IV}-13^{IV} a donné le point 9^{IV} d'où l'on a conclu (*fig.* 54) le point 9^{V} et la droite 9^{V}-$9''$ suivant laquelle la dent est touchée par le plan des rayons lumineux.

La tangente au point 11^{IV} a déterminé le point 11^{V} d'où l'on a déduit $11''$ en dirigeant 11^{V}-$11''$ vers le sommet du cône.

100. Le même principe a pu servir pour déterminer les om-

bres portées. Ainsi le rayon S–L du sommet et le rayon $10''-12''$ déterminent un plan dont l'intersection par le plan V–U sera une droite $10^{IV}-12^{IV}$ (*fig.* 58) parallèle à S'–L'. Cette première opération donnera le point 12^{IV}, qui relevé sur VU donne 12^{V} pour projection verticale, et détermine la droite $12^{V}-12''$, suivant laquelle la surface du creux est coupée par le plan des rayons S–L, $10''-12''$; le point $12''$, résultant de l'intersection de $12^{V}-12''$ avec $10''-12''$, sera l'ombre du point $10''$.

Les mêmes moyens peuvent être employés pour construire l'ombre portée par la roue inclinée sur la roue horizontale. Dans ce cas on ne construira que les sections des dents qui portent ombre ou sur lesquelles l'ombre est portée, ce qui sera facile à reconnaître en procédant avec ordre.

Les ombres portées dans le cône creux formant une partie de la surface supérieure de la roue horizontale, ont été obtenues par le principe du n° 87.

101. Les rayons lumineux qui s'appuient sur le cercle incliné $g'g''$ (*fig.* 54), forment un cylindre oblique dont l'intersection avec l'arbre de la roue inclinée donne une courbe à double courbure que l'on obtiendra par les principes donnés en Géométrie descriptive pour l'intersection de deux cylindres.

Ainsi un rayon de lumière hb, construit par un point quelconque hh' de l'axe, percera le plan du cercle $g'g''$ en un point b' que l'on joindra avec d' par une ligne droite $b'd'$; les tangentes aux points $14'$, $15'$, sont les intersections du plan du cercle $g'g''$ par des plans tangens aux cylindres et parallèles à la direction de la lumière.

Les points de tangence 14 et 15 déterminés avec exactitude feront connaître les droites $14-14'$, $15-15'$.

Pour obtenir un point $17'$ sur la courbe $15'-17'$, on concevra un plan quelconque $16-17-17'$ parallèle au rayon de lumière et à l'axe ab. L'intersection de ce plan avec celui du cercle sera une droite $16-17$ parallèle à $b'd'$.

Ce même plan coupera l'arbre de la roue suivant une génératrice $17-17'$, dont l'intersection par le rayon de lumière

16–17′ donne 17′ pour l'ombre du point 16. Il n'y aura plus qu'à recommencer cette opération.

Les ombres portées sur les plans de projection s'obtiendront par les moyens ordinaires.

Les droites 18–19 sont les traces horizontales des plans lumineux tangens aux cônes convexes formant la surface des dents. Toutes ces droites doivent concourir au point où le rayon S–L prolongé irait percer le plan horizontal de projection. Ce point n'a pas pu trouver place sur l'épure.

Les droites 20–21 sont les traces verticales des plans tangens aux dents; toutes ces lignes doivent aboutir au point L où le rayon S–L perce le plan vertical de projection.

CHAPITRE III.

Sphère.

102. L'ensemble des rayons de lumière qui s'appuient sur la sphère forme un cylindre circulaire.

La ligne de séparation est un grand cercle situé dans un plan perpendiculaire à la direction de la lumière.

Les projections de ce grand cercle sont deux ellipses, 1′–2′–1′–2′ (*fig.* 65, *PL.* 10), et 3′–4′–3′–4′ (*fig.* 67).

Voici l'ordre des opérations :

1° On déterminera (*fig.* 65) le point *o*″ suivant lequel le rayon *o*–*o*″, passant par le centre de la sphère, percerait le plan vertical de projection ;

2° On fera *o*–1 égal à *p*–*o*′ et l'on tracera 1–*o*″ qui sera le rayon du centre rabattu sur le plan de la *fig.* 66 ;

3° Du point 1 comme centre avec un rayon 1–2 égal à *o*–1′, on décrira une circonférence que l'on pourra considérer comme la section de la sphère par le plan projetant du rayon *o*–*o*″ ;

4° La ligne de séparation étant située dans un plan perpendiculaire au rayon 1–o″, elle se projettera sur la *fig.* 66

par le diamètre 2-2, dont les extrémités ramenées sur o-o'', détermineront le petit axe 2′-2′ de l'ellipse 1′-2′-1′-2. Le grand axe 1′-1′ de cette ellipse sera égal au diamètre de la sphère donnée;

5° Enfin les rayons 2-2″, 2-2″ détermineront le grand axe 2″-2″ de l'ellipse suivant laquelle le cylindre formé par les rayons lumineux qui s'appuient sur la sphère, est coupé par le plan vertical de projection. Le petit axe 1″-1″ est égal au diamètre de la sphère.

L'ellipse 1″-2″-1″-2″ sera l'ombre portée par la sphère sur le plan vertical de projection. On ne conservera que la partie de cette ombre qui est au-dessus de la ligne de terre, et l'on opérera de la même manière pour obtenir l'ombre sur le plan horizontal.

Ainsi, la *fig.* 68 est la section de la sphère par le plan vertical qui contiendrait le rayon du centre. Cette figure se construira en faisant o'-3 égal à p-o (*fig.* 65); 3-o''' sera le rayon du centre rabattu sur le plan horizontal de projection.

Le diamètre 4-4 sera, sur la *fig.* 68, la projection de la ligne de séparation, et les deux rayons 4-4″, 4-4″ détermineront le grand axe 4″-4″ de l'ellipse qui est l'ombre portée par la sphère sur le plan horizontal.

On remarquera comme vérification, que les deux ellipses 2″-2″, 4″-4″ doivent se couper sur la ligne de terre.

Ombre portée sur la sphère.

103. La construction de l'ombre portée par un point sur la sphère revient, dans tous les cas, à construire l'intersection de la sphère par le rayon de lumière qui contient le point dont on cherche l'ombre.

Ainsi, pour avoir l'ombre du point 5-5′ (*fig.* 65 et 67) on construira :

1° Les deux projections 5-5^{v}, 5′-5^{iv} du rayon de lumière du point 5-5′;

2° On fera q'-5″ égal égal à q-5, et le point 5″ sera la projection du point 5-5′ sur la *fig.* 68.

3° Du point 3 comme centre avec un rayon $3-z'$ égal à $z-x$, on décrira l'arc $z'-x'$ qui est la section de la sphère par le plan vertical qui contient le rayon du point $5-5'$.

L'intersection de l'arc $z'-x'$ par le rayon $5''-5'''$ donnera $5'''$, d'où l'on déduira 5^{IV} (*fig.* 67) et par suite 5^{V} (*fig.* 65).

En recommençant cette construction on aura autant de points que l'on voudra. Ainsi, les deux courbes $5^{\text{V}}-6^{\text{V}}$, $5^{\text{IV}}-6^{\text{IV}}$ sont les deux projections de l'ombre portée sur la sphère par la courbe $5-6$, $5'-6'$.

Il est évident que cela revient à chercher l'intersection de la sphère par un cylindre qui serait engendré par le mouvement d'un rayon lumineux, et qui aurait pour directrice la courbe donnée.

Sphère éclairée par un point lumineux.

104. Les rayons lumineux qui s'appuient sur la sphère forment un cône qui a pour sommet le point $s-s'$ (*fig.* 69 et 70).

La projection auxiliaire (*fig.* 71) détermine le petit axe $1'-1'$ et le grand axe $2'-2'$ égal à $1-1$ de l'ellipse qui forme la projection verticale de la ligne de séparation.

On détermine de la même manière la projection horizontale de cette même courbe.

La trace du cône, que l'on construira comme nous l'avons dit au n° 80, sera l'ombre portée par la sphère sur le plan horizontal de projection.

Creux sphérique.

105. Nous supposons ici que l'on veut avoir l'ombre portée dans une demi-sphère creuse par une portion de la circonférence du grand cercle qui en forme la limite.

On construira (*fig.* 63) une projection auxiliaire parallèle à la direction de la lumière; la projection du rayon $s''-l''$ s'obtiendra en faisant $p'-3'$ égal à $p-3^{\text{IV}}$ (*fig.* 61) et en joignant $3'$ avec l'' projection du point l' suivant lequel le rayon $s-l$, $s'-l'$ perce le plan horizontal.

Le plan vertical qui contient le rayon du point 3 coupera la sphère suivant un grand cercle projeté sur la *fig.* 63 par l'arc 3′-v-3″, et l'intersection de ce grand cercle par le rayon 3′-l'' déterminera le point 3″ d'où on déduira 3‴ pour la projection horizontale de l'ombre portée par le point 3 dans la sphère.

106. On a opéré de la même manière pour obtenir le point 2‴ qui est l'ombre portée par le point 2, mais on n'a pas décrit sur la *fig.* 63 le cercle passant par les points 2′-2″, et voici pour quelle raison.

Si l'on suppose que ce cercle ait été décrit, et si l'on compare les deux triangles 1′-3′-3″, 1′-2′-2″, on reconnaît, 1° qu'ils sont tous deux isocèles puisque l'on a 1-3′ = 1-3‴ comme rayons d'un même cercle, et que 1′-2′ = 1′-2″ par la même raison; 2° l'angle 1′-2′-2″ est égal à l'angle 1′-3′-3″ à cause du parallélisme des rayons 2′-2″, 3′-3″, d'où il résulte que les angles 2′-1′-2″, 3′-1′-3″ sont égaux, et que, par conséquent, les points 1′, 2″, 3″ sont en ligne droite.

Donc, la courbe 1-3‴-1 (*fig.* 62), qui est l'ombre portée dans la sphère par l'arc 1-3-1, est une courbe plane, puisqu'elle se projette par une ligne droite 1′-3″ sur le plan de la *fig.* 63.

107. Cette remarque réduit aux opérations suivantes la construction du point 2‴.

On tracera :

1° 2-2‴ projection horizontale du rayon de lumière passant par le point 2 (*fig.* 62);

2° La droite 2-2′ donnera 2′ pour la projection du point 2 sur la *fig.* 63;

3° L'intersection du rayon 2′-2″ avec 1-3″ donne 2″, d'où l'on déduira 2‴ (*fig.* 62).

La courbe d'ombre portée étant plane et située sur la surface d'une sphère, est nécessairement une circonférence; et comme il est facile de reconnaître par la *fig.* 63 que son plan passe par le centre, on peut en conclure qu'elle est un grand cercle de la sphère, de sorte que le point 3‴ étant obtenu, on peut se contenter de construire la demi-ellipse 1–3‴–1 sur les deux axes *o*–1, *o*–3‴.

Cette deuxième solution dispense de construire le point 2″.

108. On peut démontrer autrement que nous ne l'avons fait ci-dessus, que la courbe d'ombre portée dans le creux sphérique est plane.

Soit (*fig.* 64) la sphère B et le cylindre A formé par les rayons lumineux qui s'appuient sur le grand cercle *c*–*c'*, nous supposons ici que la sphère et le cylindre sont projetés sur un plan perpendiculaire à celui du grand cercle *c*–*c'* et parallèle à l'axe du cylindre A. Il est évident qu'il existe de l'autre côté de l'axe du cylindre, un second cercle *u*–*u'* symétriquement placé avec le premier, de sorte que ces deux cercles étant tous deux situés sur la sphère et sur le cylindre, peuvent être considérés comme formant ensemble la ligne de pénétration de ces deux surfaces ; d'où il résulte que si l'on prend l'un de ces cercles pour servir de courbe directrice au cylindre formé par les rayons lumineux, l'autre cercle sera la courbe d'ombre portée.

Niche sphérique.

109. Les principes précédens nous fourniront les moyens de construire l'ombre portée dans une niche sphérique (*fig.* 74, *PL.* 11).

La ligne de séparation se compose :

1° De l'arc de cercle 1–2–6 ;

2° De la verticale 6–*p*.

L'ensemble de ces deux lignes sépare la surface du mur de la partie de la niche qui est dans l'ombre.

Le point 1 est l'extrémité du diamètre 7–1 perpendiculaire à la projection verticale *s*–*l* du rayon lumineux.

La projection auxiliaire 75, parallèle au rayon de lumière *s*–*l*, déterminera le petit axe *s*–4‴ de la demi-ellipse 1–4‴–7 provenant de l'ombre portée dans la sphère par la demi-circonférence 1-4-7 (107).

On peut aussi, en opérant comme ci-dessus, déterminer sur cette ellipse autant de points que l'on voudra. Ainsi, pour le point 2, on trace :

2-2', ce qui donne 2';

2'-2'', parallèle à s''-l'';

2''-2''', dont l'intersection avec le rayon 2-2''' déterminera le point 2'''. La surface de la sphère ne s'étendant pas au-dessous du plan horizontal qui passe par le centre, on ne conservera de l'ellipse 1-4'''-7 que la partie 1-3''' qui est l'ombre de l'arc de cercle 1-3, et l'on cherchera ensuite l'ombre portée par l'arc de cercle 3-6 dans le cylindre vertical qui forme une partie de la surface de la niche.

Pour y parvenir, on se servira de la projection horizontale (*fig.* 76). Ainsi, par exemple,

Si l'on veut avoir l'ombre du point 5, on le projettera en 5' sur la droite *o'*-6' qui est la trace du plan vertical contenant l'arc de cercle *o*-2-6.

On tracera ensuite le rayon de lumière 5'-5'' et la verticale 5''-5''' dont l'intersection avec le rayon du point 5 déterminera l'ombre de ce point.

On opérera de la même manière pour obtenir le point 6''' suivant lequel la courbe 3'''-5'''-6''' est touchée par la verticale 6'''-*q* qui est l'ombre de l'arète verticale du point 6.

Ainsi l'ombre portée dans la niche se compose de trois parties bien distinctes, savoir :

1° L'arc 1-3''' provenant de l'intersection de la sphère par le cylindre oblique formé par les rayons lumineux qui s'appuient sur l'arc 1-3 ;

2° La courbe 3'''-6''' suivant laquelle les rayons lumineux qui s'appuient sur l'arc 3-6 rencontrent le cylindre vertical qui a pour trace la demi-circonférence *o'*-6''-6' (*fig.* 76);

3° Enfin la ligne droite 6'''-*q* ombre de l'arète verticale du point 6.

L'arc 1-3''' est une courbe plane appartenant à l'ellipse

1-4‴-7 (107); mais la courbe 3‴-5‴-6‴, etc., est à double courbure, puisqu'elle provient de la rencontre de deux cylindres.

Ces deux courbes se touchent au point 3‴, et la seconde est touchée au point 6‴ par la verticale 6‴-q.

Coupe de la niche sphérique.

110. Il arrive souvent, dans les dessins d'Architecture, que pour mieux faire concevoir l'intérieur d'un édifice, on le suppose coupé par un plan vertical, et que l'on supprime tout ce qui se trouve en-deçà de ce plan.

Or, si le plan coupant passe par le centre d'une niche sphérique, il ne restera plus que la partie comprise dans l'angle droit o'-s'-6″ (*fig.* 76).

Dans ce cas l'ombre portée dans l'intérieur de la niche proviendrait des rayons qui s'appuieraient sur les arcs 2-1, 2-8 (*fig.* 74).

Nous avons obtenu par l'opération précédente l'ombre de l'arc 2-1, nous allons chercher l'ombre de l'arc 2-8.

Si nous supposons que le plan vertical qui contient cet arc fasse un quart de révolution autour de la verticale du centre, l'arc perpendiculaire au plan vertical viendra se placer en 2-8′-6.

Si nous faisons pareillement décrire un quart de révolution au rayon de lumière, il viendra se placer en s-l^{IV}.

Et construisant (*fig.* 73) une projection auxiliaire parallèle à s-l^{IV} on opérera comme ci-dessus, et l'on obtiendra la courbe 8′-2^{IV} que l'on fera ensuite revenir à sa place par un quart de révolution.

Si l'on a bien opéré, les deux points 2^{IV} et 2‴ doivent être à la même hauteur.

111. Si la projection horizontale s'-l' du rayon de lumière partage en deux parties égales l'angle o'-s'-6″ (*fig.* 76), il y aura une abréviation remarquable.

En effet, dans cette hypothèse introduite ici pour éviter

la construction d'une nouvelle épure, le plan vertical qui contient le rayon $s'-l'$ devient un plan de symétrie non-seulement par rapport aux deux arcs $s'-1''$, $s'-8''$, mais encore par rapport aux courbes $1''-2^{v}$, $8''-2^{v}$; de sorte que si deux points 9 et 10 sont pris à la même hauteur sur les deux arcs 2-1, 2-8 (*fig.* 76), les ombres $9'$ et $10'$ de ces deux points seront aussi à la même hauteur. De là résulte la construction suivante.

Après avoir obtenu (*fig.* 74) la courbe $1-2'''$ qui est l'ombre de l'arc 1-2, et par conséquent le point $9'$, ombre du point 9, étant déterminé, on tracera :

1° L'horizontale 9-10 qui donnera sur l'arc 2-8 le point 10 symétrique du point 9;

2° L'horizontale $9'-10'$ déterminera le point $10'$ symétrique de $9'$. On recommencera l'opération pour avoir d'autres points.

Il est évident que cette construction évitera la projection auxiliaire 73.

La symétrie est évidente sur la projection horizontale 76, qui, au surplus, n'est pas nécessaire pour construire la courbe $8-2'''$ (*fig.* 74).

FIN DU DEUXIÈME LIVRE.

LIVRE III.

CHAPITRE PREMIER.

Surfaces de révolution.

112. On a vu dans la *Géométrie descriptive* qu'une surface de révolution est engendrée par le mouvement d'une courbe tournant autour d'une droite immobile que l'on nomme son *axe*.

113. La nature de la surface dépend de la courbe que l'on a choisie pour génératrice et qui est presque toujours une section méridienne.

Torre.

114. Le torre, ou surface annulaire, contenant en quelque sorte les élémens de toutes les surfaces de révolution, le lecteur fera bien d'étudier cet exemple avec le plus grand soin.

La figure 77, *PL.* 12, est la projection verticale de la surface donnée; la section génératrice se compose de deux cercles *aceg*, qui ont pour centres les points o et o'.

L'axe de la surface étant vertical, se projette sur le plan horizontal (*fig.* 78) par le point l', et les circonférences décrites de ce point avec les rayons l'-5, l'-6, représentent la plus grande et la plus petite section horizontale du torre. Cette dernière section se nomme le *cercle de gorge*.

La ligne de séparation se compose de deux courbes entièrement indépendantes l'une de l'autre.

La première est située sur la portion de surface engendrée par la demi-circonférence *acg*.

La deuxième appartient à la portion de surface engendrée par la demi-circonférence *aeg*.

Tous les points de ces deux courbes ont été obtenus par la méthode des plans tangents qui a été exposée dans la géométrie descriptive.

Voici l'ordre des opérations :

La perpendiculaire s'-s'' abaissée (*fig.* 78) sur la trace du méridien D, percera ce plan en un point, dont la projection horizontale s'', ramenée en s''' sur la trace du méridien B, déterminera s^{IV} (*fig.* 77) de sorte que s^{IV}-l sera la projection du rayon de lumière sur le plan du méridien D.

Cela étant fait, les deux diamètres 1-2, 4-3 perpendiculaires à s^{IV}-l détermineront les points 1, 2, 3, 4 suivant lesquels la surface du torre serait touchée par quatre plans parallèles aux rayons de lumière s^{IV}-l et perpendiculaires au plan du méridien D.

Les points 1, 2, 3, 4 projetés (*fig.* 78) en 1′, 2′, 4′ et 3′ sur la trace du méridien B seront ramenés de là en 1″, 2″, 4″ et 3″, sur la trace du méridien D, d'où on déduira leurs projections verticales 1‴, 2‴, 4‴, 3‴ (*fig.* 77).

En opérant de la même manière, on obtiendra quatre points dans chaque méridien.

On fera bien de multiplier les opérations dans le voisinage des points 5, 6, 7, 8, parce que c'est dans cette partie des lignes de contact que les variations de courbure sont les plus sensibles.

Les projections verticales des deux courbes se coupent (*fig.* 77) dans le plan du méridien C en deux points que l'on devra déterminer avec exactitude.

Quelques points pourront être obtenus plus facilement par suite de la position particulière des méridiens qui les contiennent. Ainsi par exemple :

Les deux diamètres 9-10, 11-12 déterminent sur la section

méridienne principale les quatre points suivant lesquels la surface serait touchée par quatre plans perpendiculaires au plan vertical de projection et parallèles aux rayons lumineux s-l.

Ces quatre points auront leurs projections horizontales sur la trace du méridien B.

La trace du méridien FF (*fig.* 78), perpendiculaire à la projection horizontale s'-l' du rayon lumineux, déterminera les quatre points 5, 6, 7, 8, suivant lesquels la surface serait touchée par quatre plans verticaux et parallèles aux rayons de lumière.

Ces quatre points appartenant au plus grand parallèle et au cercle de gorge, leurs projections verticales 5′, 6′, 8′, 7′ seront situées sur la même ligne horizontale c-c.

Si nous faisons tourner le méridien A jusqu'à ce qu'il soit venu coïncider avec le mérdidien B, le point s' viendra se placer en s^{v}, d'où on déduira s^{vi}, de sorte que s^{vi}-l sera le rayon de lumière lui-même ramené dans le plan du méridien principal.

Les deux diamètres 13-14, 15-16, perpendiculaires à s^{vi}-l, détermineront alors les quatre points suivant lesquels la surface serait touchée par quatre plans parallèles aux rayons lumineux et perpendiculaires au plan du méridien A.

Ces quatre points projetés horizontalement sur la trace du méridien B et ramenés de là à leur place dans le plan du méridien A donneront 13′, 14′, 15′, 16′, d'où on déduira leurs projections verticales 13″, 14″, 15″, 16″ (*fig.* 77).

Ce sont les points les plus élevés et les plus bas des deux courbes de contact.

On peut aussi abréger beaucoup le travail en ayant égard à la symétrie.

Ainsi, les points obtenus dans le méridien D pourront être reportés à la même distance du centre, sur la trace du méridien D′ et de là projetés à la même hauteur sur la *fig.* 77.

Les points situés dans le méridien E′ se déduiront de la même manière de ceux qui appartiennent au méridien E.

Enfin les points des méridiens B, C donneront ceux des méridiens B′, C′.

Ainsi l'une des deux lignes de contact aura pour projection

horizontale la courbe 5-1″-15′-11′-7-3″-13′-9′-5 et pour projection verticale 5′-1‴-15″-11-7′-3‴-13″-9-5′.

La seconde ligne a pour projection horizontale la courbe 6-2″-16′-12′-8-4″-14′-10′-6 et pour projection verticale 6′-2‴-16″-12-8′-4‴-14″-10-6′.

La première de ces deux courbes touche la section méridienne principale aux points 9 et 11, et la seconde la touche aux points 10 et 12.

Ombres portées.

115. La courbe extérieure servira de directrice au cylindre oblique formé par les rayons lumineux qui s'appuyent sur la surface.

L'intersection de ce cylindre avec les plans de projection ne présentera pas de difficultés.

116. L'ombre portée par la courbe intérieure exigera plus d'attention.

Pour bien concevoir la nature de cette ligne, supposons qu'un rayon lumineux glisse parallèlement à lui-même en s'appuyant sur la courbe 8-14′-6-16′-8 (*fig.* 78), la surface cylindrique engendrée par le mouvement de ce rayon se composera de quatre parties ou nappes bien distinctes, savoir :

1° Une première nappe ayant pour directrice la portion de courbe *v*′-14′-*u*′ et pour trace horizontale *v*″-14″-*u*″ ;

2° La seconde nappe aura pour directrice la courbe *u*′-6-*m*′, et pour trace *u*″-6′-*m*″ ;

3° La troisième nappe a pour directrice la courbe *m*′-16′-*n*′ et pour trace *m*″-16″-*n*″.

4° Enfin la quatrième nappe a pour directrice *n*′-8-*v*′ et pour trace *n*″-8″-*v*″.

Ces quatre nappes sont séparées les unes des autres par les rayons lumineux *u*′-*u*″, *m*′-*m*″, *n*′-*n*″, *v*′-*v*″. Ces rayons forment sur la surface quatre arêtes de rebroussement et déterminent par leur intersection avec le plan horizontal les quatre points

u'', m'', n'', v'', qui sont eux-mêmes des points de rebroussement pour la courbe u''-v''-n''-m''.

On remarquera que la courbure change de sens toutes les fois que le rayon lumineux devient tangent à la courbe de contact 14′-6-16′-8.

Ce qui a lieu aux quatre points u', m', n', v'.

A tous les autres points, le rayon de lumière fait avec cette courbe des angles plus ou moins grands.

Les deux nappes qui ont pour traces les courbes u''-14″-v'', m''-16″-n'' se coupent suivant les deux rayons lumineux x'-x''', z'-z''' placés symétriquement par rapport au méridien A.

Ces deux rayons, après avoir touché la surface du corps en dessus au points x', z', touchent une seconde fois cette même surface en dessous aux points x'', z'' et vont ensuite percer le plan horizontal aux deux points x''', z'''.

117. Les rayons lumineux qui s'appuient sur la portion de courbe x'-u' ne peuvent pas arriver jusqu'au plan horizontal. Ils sont arrêtés dans leur cours par la masse du corps et produisent, par leur intersection avec sa surface, une courbe u'-10‴-x' qui est par conséquent l'ombre portée dans la gorge de l'anneau par la partie x'-u' de la courbe de contact.

Pour obtenir un point quelconque de cette courbe, on emploiera le principe des plans coupants (8). Ainsi, par exemple, si on veut avoir l'ombre portée par le point 10, 10′, on opérera de la manière suivante :

1° On concevra le plan vertical 10′-p contenant le rayon de lumière du point 10.

2° En élevant des perpendiculaires par les points où ce plan coupe les cercles horizontaux de la surface, on aura la courbe q-y (*fig.* 77).

3° L'intersection de cette courbe par le rayon lumineux du point 10 détermine 10″ et par suite 10‴ pour les deux projections de l'ombre du point 10, 10′.

Le point où la courbe u'-10‴-x'' (*fig.* 78) touche le cercle de gorge se déduira du point où la projection verticale u-10″-x^{iv}

(*fig*. 77) rencontre l'horizontale e-e qui est la projection du cercle de gorge.

On opérera de la même manière pour construire la courbe v'-z'' qui est l'ombre portée par la courbe z'-v'.

Cavé.

118. Cette moulure *PL.* 13, engendrée par l'arc ab, n'est évidemment que le quart de la surface annulaire qui proviendrait de la révolution de la circonférence entière.

La ligne de contact 1-4-6 est la moitié de la seconde des deux courbes obtenues dans l'exemple précédent. Nous n'aurons donc rien à dire de nouveau sur la construction de cette ligne, si ce n'est, qu'après avoir déterminé cette courbe tout entière, afin de mieux sentir les variations de sa courbure, il faudra supprimer la partie 3-4-5, parce que les rayons lumineux, arrêtés par la masse du solide, ne peuvent ateindre jusqu'à cette courbe.

119. Ainsi, les deux seules lignes qui, sur la surface du corps, séparent les parties éclairées de celles qui sont obscures, sont les deux petites courbes 1-2-3, 5-6.

Les points 5 et 3 sont déterminés par les rayons lumineux, tangents à la courbe 1-4-6.

120. Si la direction de la lumière était horizontale, la courbe de contact serait plane, et se confondrait avec la section de la surface par le méridien l'-c (*fig*. 80).

Ombre portée.

121. Les rayons lumineux qui s'appuient sur les courbes 1-3, 6-5, forment deux parties de surfaces cylindriques, qui rencontrent la surface donnée suivant les deux courbes 3-1', 5-6' (*fig*. 80).

Ces deux dernières lignes sont les ombres portées sur la surface par les deux lignes de séparations 1-2-3, 5-6.

Ainsi 3-1′ est l'ombre portée par 3-2-1 et 5-6′ est l'ombre portée par 5-6.

122. Les deux lignes 3-1′, 3-2-1, étant touchées au point 3 par la même tangente, se touchent elles-mêmes à ce point, et ne forment, en quelque sorte, qu'une même courbe 1-2-3-2′-1′, dont une partie 1-2-3 est une ligne de séparation, tandis que le reste 3-1′ est la courbe d'ombre portée par la première partie.

On peut dire la même chose des deux courbes 6-5, 5-6′, qui se raccordent au point 5 pour former la courbe unique 6-5-6′, dont une partie 5-6′ est l'ombre portée par l'autre partie 5-6.

Pour construire la courbe 3′-2′-1′, on cherchera l'ombre portée sur la surface par chacun des points de la courbe 3-2-1.

Supposons, par exemple, qu'il s'agisse d'obtenir l'ombre du point 2. On concevra d'abord (*fig.* 79) le plan ν-x perpendiculaire au plan vertical et contenant le rayon de lumière du point 2.

L'intersection de la surface par le plan ν-x sera projetée (*fig.* 80), par la courbe m'-n'-ν'-n''-u'-z'-x', que l'on obtiendra en abaissant des perpendiculaires par tous les points où le plan νx coupe un certain nombre de cercles horizontaux établis d'avance sur la surface.

L'intersection de la courbe m'... n''... x'... par la projection horizontale du rayon de lumière 2-2′, déterminera 2′, et par suite 2″ pour les deux projections de l'ombre portée par le point 2.

On n'a pas besoin de construire la courbe m'-n''-x' tout entière. On peut se contenter de déterminer la partie de cette courbe qui est dans le voisinage du point 2.

Il est bien entendu pareillement qu'au lieu du plan νx perpendiculaire au plan vertical, on aurait pu employer un plan perpendiculaire au plan horizontal, ou tout autre plan contenant le rayon du point 2.

On se rappelle en effet que, pour avoir l'ombre portée par un point sur une surface, il faut couper cette surface par un plan quelconque qui contienne le rayon de lumière passant par le point dont on cherche l'ombre, et que toute l'habileté consiste à choisir, parmi tous les plans qui satisfont à cette condition, celui qui coupe la surface demandée suivant la courbe la plus facile à construire, ou dont l'intersection avec le rayon lumineux se fait avec le plus d'exactitude.

L'ombre de la circonférence engendrée par le point b, s'obtient en déterminant o''', ombre du point o; et décrivant une circonférence avec le rayon $o'''q$ égal à ob.

La droite cq est la trace du plan formé par les rayons lumineux qui touchent le grand cylindre suivant la verticale cc'', cette ligne est déterminée par le diamètre $l'c$ perpendiculaire à la projection horizontale s'-l du rayon lumineux.

Scotie.

123. La section méridienne ou profil de cette moulure est une courbe à 3 centres o, z, x (*fig.* 82, *PL.* 14).

Le point o est le centre du quart de cercle cv.

Le point z est le centre de l'arc de cercle vu.

Enfin, le point x est le centre du 3e arc us.

Ces trois arcs, en tournant autour de l'axe, engendrent 3 parties ou zones de surface annulaire, dont l'ensemble compose la surface de la *scotie*.

La première zone se raccorde avec la deuxième, parce qu'elles sont touchées toutes deux suivant la circonférence vv', par le cylindre vertical qui aurait pour génératrice la tangente au point v.

La seconde zone et la troisième se raccordent suivant la circonférence uu', parce qu'elles sont touchées, dans toute l'étendue de cette circonférence, par un même cône dont la génératrice serait tangente au point u.

La première zone touche le plan horizontal cc', suivant la circonférence que décrit le point c ; et la troisième zone touche le plan horizontal ss', suivant la circonférence décrite par le point s.

Le point v de la section méridienne étant le plus rapproché de l'axe, décrit le cercle de gorge dont la projection horizontale est $v''v'''$.

124. Si nous supposons que la surface precédente soit coupée par un système de plans parallèles à son axe et aux rayons lumineux, tous ces plans seront parallèles entre eux.

Pour mieux faire comprendre la forme particulière affectée par chaque section, supposons qu'on les ait projetées toutes (*fig.* 82), sur le plan méridien parallèle aux plans coupants, les sections que l'on obtiendra seront de trois espèces :

1° Si la distance de l'axe au plan coupant est plus grande que le rayon du cercle de gorge, la section se composera (*fig.* 88), de deux courbes indépendantes l'une de l'autre, et placées l'une au dessus, l'autre au-dessous de l'horizontale *oo'*. Les points *n*, *n* appartiennent au méridien qui est perpendiculaire au plan coupant.

2° Si la distance de l'axe au plan coupant est égale au rayon du cercle de gorge, les points *n*, *n*, se réunissent en un seul 4,5 (*fig.* 81), suivant lequel le cercle de gorge et le méridien perpendiculaire au plan coupant, sont touchés par ce plan. La section se compose alors de deux courbes qui se coupent au point 4, 5, situé sur le cercle de gorge;

3° Enfin lorsque la distance de l'axe au plan coupant sera moindre que le rayon du cercle de gorge, la section se composera des deux courbes séparées, placées symétriquement l'une à droite, l'autre à gauche de la verticale *aa'* (*fig.* 83), les points *n''*, *n''* appartiennent au cercle de gorge de la surface.

Or, si l'on construit toutes les tangentes qu'il sera possible de mener à ces courbes, parallèlement à la direction de la lumière, ons déterminera sur chacune d'elles et suivant sa forme, un certain nombre de points essentiels.

Ainsi, par exemple (*fig.* 87), sur les deux courbes 1-4-*y*, *b*-5-7, provenant de la section par un même plan, on obtiendra sept points savoir :

Le point 1 appartenant au cercle horizontal 1-*y*;

Le point 3, ombre portée par le point 1;

Le point 2 appartenant à la ligne suivant laquelle la surface est touchée par un cylindre parallèle à la direction de la lumière.

Le point 4 appartenant à la partie de cette ligne qui forme séparation ;

Le point 5 qui est de même nature que le point 4 ;

Le point 7, ombre du point 5 ;

Enfin, le point 6 appartenant à la ligne de contact.

Lorsque le plan coupant touche le cercle de gorge, les points 4,5 se réunissent en un seul (*fig.* 81), et la courbe ne contient plus que les six points 1,2,3, (4,5), 6,7.

Lorsque la distance de l'axe au plan coupant est moindre que le rayon du cercle de gorge, on peut regarder la section (*fig.* 83) comme une modification de la section (*fig.*88); en effet, lorsque le plan coupant se rapproche de l'axe, les deux points n, n se réunissent d'abord, puis se séparent de nouveau en s'écartant sur l'horizontale oo', pour devenir n'', n'' (*fig.* 83), alors les points de tangence 4 et 5 ont disparu ainsi que le point 7, ombre portée par le point 5, et il ne reste plus que les 4 points 1,2,3,6.

Lorsque le plan coupant s'éloigne de l'axe (*fig.* 86), les points n, n s'écartent, et la courbe supérieure n'est plus rencontrée par le rayon du point 1, qui, passant entre les deux courbes, vient déterminer le point 3, sur la courbe inferieure ou sur quelque surface étrangère à la scotie.

Enfin, par suite des variations de courbure des sections, il vient un moment (*fig.* 84) où les trois points 5,6 et 7 se réunissent en un seul parce que le rayon de lumière se trouve précisément tangent au point d'inflexion de la courbe (*fig.* 89). C'est à ce point que la courbe de séparation 5-6-6 est touchée par la courbe d'ombre portée 5-7-7.

Pour les sections plus éloignées du centre, il ne peut plus y avoir de points de tangence (*fig.* 88).

Ainsi, en résumant (*fig.* 87), le point 1 appartient au cercle horizontal 1-y.

Les point de tangence 2,4,5,6, à la courbe de contact.

Les points 4 et 5, à la partie de cette courbe formant ligne de séparation.

Les points 3, à la courbe d'ombre portée par le cercle 1-y.

Les points 7, à la courbe d'ombre portée par la ligne de séparation.

Toutes les opérations doivent être faites avec beaucoup de soin, parce que les courbes de section n'étant pas susceptibles d'une définition géométrique rigoureuse, on ne peut déterminer qu'approximativement les points où elles sont touchées par les rayons lumineux.

125. Au surplus, pour les surfaces de révolution, on pourra toujours construire la ligne de contact par la méthode du numéro 114.

Dans ce cas, la détermination de chaque point dépend de la construction d'une tangente à la section méridienne, dont la courbure souvent élégante, et presque toujours définie, permet de déterminer le point de tangence avec exactitude.

En effet, dans l'exemple précédent, la section méridienne étant une courbe à plusieurs centres (*fig.* 85), toute tangente en un point de l'arc *cv* sera perpendiculaire au rayon de cet arc ; une tangente *ik* sera perpendiculaire sur *zi*, enfin, la tangente *gd* doit être perpendiculaire sur *xg*.

Si la courbure de la section méridienne n'était pas définie, on construirait (*fig*, 90) un certain nombre de cordes parallèles à la tangente, et la courbe, passant par le milieu de ces cordes, se dirigerait vers le point de tangence, et le déterminerait avec une exactitude suffisante.

Piédouche.

126. Les différentes parties qui composent cette moulure sont en commençant par en bas (*fig*. 91), *PL.* 15 :

1° Le dé ou parallélipipède rectangle ;

2° Le torre ;

3° Le filet ;

4° La scotie ;

5° Le quart de rond ;

6° Un second filet.

Toutes ces moulures, excepté le dé, sont des surfaces de révolution engendrées par l'ensemble des lignes qui forment le profil ou section méridienne.

Torre.

127. Cette moulure est évidemment la partie convexe d'une surface annulaire qui ne diffère que par ses dimensions de celle que nous avons étudiée au numéro 114.

La courbe formant *la séparation* entre la partie obscure et celle qui est éclairée, se construira comme nous l'avons dit alors. On pourra aussi, comme exercice, employer les principes des plans coupans.

Dans ce cas, après avoir établi sur les deux projections un certain nombre de sections horizontales de la surface, on concevra (*fig.* 92) des plans tels que pq,$p'q'$, verticaux et parallèles à la direction de la lumière, on construira (*fig.* 91), les courbes pq, $p''q''$, suivant lesquelles ces plans coupent la surface du torre, et les points m,m, où ces courbes seront touchées par les rayons lumineux, appartiendront à la ligne de séparation demandée.

128. *Ombre portée sur le torre.* Le plan vertical $p'q'$ (*fig.* 92), coupant la surface du torre suivant la courbe $p''q''$ (*fig.* 91), la partie 1-2′ de cette courbe sera l'ombre portée sur le torre par la petite verticale 1-2, suivant laquelle la surface cylindrique du filet est touchée par le plan $p'q'$; la courbe 1-2 étant plane et verticale, sa projection horizontale sera une ligne droite 1-2′.

Une seconde courbe 1″-2″, égale et symétrique par rapport à 1′-2′, proviendra de l'ombre portée sur le torre par la droite suivant laquelle le filet serait touché par le plan vertical $p'''q'''$ (*fig* 92).

La courbe 2′-3′-4′-5′ est à double courbure et provient de l'intersection de la surface du torre par les rayons lumineux qui s'appuient sur une partie 3-5 du cercle horizontal formant l'arête supérieure du filet.

On pourra construire cette courbe par le moyen des plans coupants.

Ainsi, l'intersection de la courbe $p''q''$ (*fig.* 91), par le rayon de lumière 2-2', déterminera 2' pour l'ombre du point 2; on obtiendra de cette manière autant de points que l'on voudra de la courbe 2'-3'.

Si on veut avoir beaucoup d'exactitude il faudra mener les plans coupants très-rapprochés les uns des autres.

En avançant vers le point 3', il y aura un moment où les rayons de lumière ne remonteront plus les sections correspondantes et passeront au-dessus du torre sans le toucher.

129. Le point extrême 3', sera connu lorsque le rayon lumineux deviendra tangent à la section correspondante; on pourra déterminer ce point en construisant un lieu géométrique, passant par les milieux des parties de rayon de lumières comprises dans les courbes de section.

Pour étudier complétement tous ces détails, le lecteur fera bien d'exécuter l'épure sur une plus grande échelle.

La partie de courbe 3'-4'-5' contient les points suivant lesquels la surface du torre serait percée une seconde fois par les rayons lumineux, en les supposant prolongés à travers la masse du solide. Il est évident que dans la pratique on peut se dispenser de construire cette partie de courbe, qui n'a été tracée ici que pour mieux faire comprendre le résultat.

La courbe 2'-4'-5' ne pourra avoir aucun de ses points au delà du plan $p'q'$, tangent au filet, c'est pourquoi elle touche la section du torre par ce plan (*fig.* 91).

Si cela est nécessaire pour déterminer quelque point avec plus d'exactitude, on fera des sections perpendiculaires au plan vertical de projection.

130. Enfin, on pourra encore opérer de la manière suivante :

La courbe cherchée, devant résulter de la pénétration du torre par le cylindre formé par les rayons lumineux qui s'appuyent sur le cercle horizontal *bd*, on coupera ces deux surfaces par une suite de plans horizontaux. Les sections produites dans le torre seront des cercles dont les centres situés sur l'axe de la surface se projetteront en un seul point *s'*. Les sections du cylindre seront aussi des cercles égaux et parallèles au cercle horizontal *bd*, et dont les centres situés sur la droite *o-o*, auront leurs projections horizontales sur *s'-o''*.

Les intersections deux à deux, de ces différents cercles, donneront tous les points de la courbe cherchée (*Géométrie descriptive*).

Ainsi, par exemple, pour déterminer le point 5', on abaissera la perpendiculaire *o'o''*, et du point *o''* comme centre avec un rayon *o''b''*, égal à *ob* (*fig.* 91), on décrira l'arc *b''*5', dont l'interjection avec le cercle *b'*-1-*x*, déterminera 5'.

En effet (*fig.* 91), le plan horizontal *gy*, employé ici comme plan coupant auxiliaire, touche le torre en dessous, suivant le cercle *b'*-1-*x*, et coupe le cylindre formé par les rayons lumineux qui s'appuyent sur le cercle horizontal *bd*, suivant un second cercle *b''*5' égal et parallèle au premier. Les points 5', 5'', résultant de l'intersection de ces deux courbes appartiennent donc aux deux surfaces qui les contiennent.

131. On peut par ce moyen obtenir un point de la courbe à la hauteur que l'on voudra. Ainsi, par exemple, le point qui serait situé sur la plus grande section du torre, ou sur tout autre cercle horizontal.

Il est évident que la construction précédente pourra être employée (*fig.* 93) toutes les fois qu'il s'agira d'obtenir l'ombre portée sur une surface de révolution par un cercle dont le plan serait perpendiculaire à l'axe de cette surface, quelle que soit du reste la position occupée par le centre de ce même cercle sur l'axe ou hors de l'axe.

La courbe 1''-4''-5'' se déduira de 1'-4'-5'', en abaissant des perpendiculaires sur le plan de symétrie *l-s'*.

En résumant, les courbes à déterminer sur le torre sont (*fig.* 92) :

1° La grande courbe $n'm'n'm''$, formant la ligne de séparation ;

2° Les deux petites courbes 1-2', 1''-2'', provenant de l'intersection du torre par les deux plans tangents au filet ;

3° Les deux courbes 2'-4'-5', 2''-4''-5'', intersection du torre par les rayons lumineux qui s'appuient sur le cercle horizontal du filet.

Filet.

132. Les *lignes de séparation* sont (*fig.* 91) :

1° Les deux petites verticales 1-2, suivant lesquelles la surface cylindrique du filet est touchée par les deux plans verticaux $p'q'$, $p''q''$ (*fig.* 92);

2° L'arc horizontal 1-3-x-z-3^{IV}-1'', sur lequel il faut distinguer trois parties 1-3, 1''-3^{IV}, 3-x-z-3^{IV}.

Les rayons lumineux qui s'appuient sur les deux premiers arcs rencontrent le torre et déterminent les deux courbes 2-3',2''-3', tandis que les rayons qui s'appuient sur l'arc 3-x-z-3^{IV}, passent au-dessus du torre sans le rencontrer, et vont former par leur intersection avec les surfaces extérieures, une partie du contour de l'ombre portée par le piédouche.

Tout ce que nous venons de dire pour le torre et le filet, s'applique au second filet et au quart de rond, qui n'est autre chose que la moitié supérieure d'un torre.

Scotie.

133. *Ligne de séparation.* La courbe, suivant laquelle cette surface serait touchée par un cylindre parallèle à la direction de la lumière, se construira comme nous l'avons dit aux numéros 114, 123.

Les deux petites courbes 8-9,8'-9' (*fig.* 91), situées symétriquement, par rapport au plan méridien s'-l', sont les seules parties qu'il soit nécessaire de conserver comme ligne de séparation.

134. *Les ombres portées* sur la surface par les courbes 8-9,

8'-9', seront les deux courbes 9-10, 9'-10', que l'on obtiendra en opérant comme nous l'avons dit au numéro 121.

Enfin, la courbe 8-6-8' est l'ombre portée par une partie du cercle horizontal *v-u* qui forme l'arête inférieure du quart du rond.

Les points de cette courbe peuvent être déterminés par le principe des plans coupants.

Ainsi, la droite 7'-7''' (*fig.* 92), étant la trace du plan vertical qui contient le rayon du point 7, on construira (*fig.* 91) la courbe 7-7''-12, provenant de la section de la surface par ce plan.

L'intersection de la courbe 7-7''-12, par le rayon de lumière 7-7'' déterminera 7'' et par suite 7''' (*fig.* 92).

La section de la surface par le plan méridien *l'-s'* déterminera le point le plus élevé de la courbe.

Si on veut avoir un point à une hauteur déterminée par exemple, sur le cercle de gorge, on emploiera le principe du nº 130.

Ainsi on construira :

1º Le rayon *uu'* ;

2º La perpendiculaire *u'u''*, ce qui déterminera *u''* (*fig.* 92) ;

3º Du point *u''*, comme centre avec un rayon $u''v' = uv$, on décrira l'arc *v'-v''*, dont l'intersection avec la projection horizontale du cercle de gorge déterminera 7''', et par conséquent 7'' qui appartient à la courbe demandée.

La projection horizontale de cette courbe n'a pas été construite sur la *fig.* 92.

1º Parce qu'elle ne peut pas être vue.

2º Parce que cette courbe n'est pas nécessaire pour les opérations suivantes.

La partie de courbe 8-11-8' tracée en points sur la figure 91, provient de l'intersection de la surface par les prolongements des rayons qui déterminent la partie 8-6-8'.

Indépendamment de cette courbe la surface est encore rencontrée par quelques-uns des rayons qui s'appuient sur l'arc horizontal *vu*, ce qui donne lieu aux deux petites courbes *x*, *x* (*fig.* 92).

Il pourrait même arriver que quelques-uns de ces rayons rencontrassent le torre dans la partie éclairée située entre les courbes 2′-3′ et n'-3′; mais, dans l'exemple qui nous occupe, les rayons lumineux qui s'appuyent sur l'arc vu passent au-dessus du torre, après avoir traversé une partie de la surface cylindrique du filet.

Ainsi, en résumant, les courbes à déterminer sur la scotie, sont :

1° La courbe 8-6-8′, qui est l'ombre portée par l'arc horizontal uv.

2° Les deux petites courbes 8-9, 8′-9′ formant séparation et faisant partie de la ligne suivant laquelle la surface est touchée par un cylindre parallèle à la direction de la lumière.

3° Les deux courbes 9-10, 9′-10′ qui sont les ombres portées sur la surface par les deux lignes de séparation 8-9, 8′-9′.

Toutes ces lignes sont à double courbure.

Ombre d'un vase.

135. Les figures 94 et 95, (*PL.* 16), fourniront au lecteur l'occasion d'appliquer les principes précédents.

Les courbes projetées horizontalement sur la *fig.* 95, sont, en allant de l' à s',

1° Le cercle de gorge de la scotie qui est au-dessous du vase ;

2° La courbe d'ombre portée sur cette scotie par le cercle inférieur du filet qui est au-dessus ;

3° La courbe suivant laquelle cette même scotie serait touchée par un cylindre parallèle à la direction de la lumière ;

4° Le cercle de gorge de la scotie qui est au-dessus du vase ;

5° Un cercle tracé en ligne pleine et représentant l'orifice du vase ;

6° Une courbe en points longs provenant de l'ombre portée sur la scotie supérieure, par l'arête du quart de rond ;

7° Un cercle en points formant la projection horizontale commune aux deux cercles du filet, qui est au-dessus de la scotie inférieure;

8° La courbe suivant laquelle la scotie supérieure serait touchée par un cylindre parallèle à la direction de la lumière;

9° La courbe *acu* suivant laquelle le vase est touché par l'ensemble des rayons lumineux qui s'appuient sur la surface de ce corps;

10° Un cercle en ligne pleine, formant la projection horizontale commune aux deux cercles du filet qui est au-dessus du quart de rond;

11° Un cercle en points formant la projection commune aux deux cercles du filet qui est au-dessus du torre;

12° Une courbe en points longs, suivant laquelle le torre est touché par l'ensemble des rayons lumineux qui s'appuient sur cette moulure;

13° Un cercle en ligne pleine formant la projection horizontale de l'arête inférieure du quart de rond.

14° Un cercle en points représentant la plus grande section horizontale du torre;

15° Un cercle en points provenant de la section horizontale *zy* (*fig.* 94);

16° Enfin, un grand cercle en ligne pleine, formant la projection de l'arête supérieure *mn*.

136. Indépendamment de ces courbes, il faudra déterminer:

1° Les ombres portées sur le quart de rond et sur le torre par les filets qui sont au-dessus de ces deux moulures.

2° L'ombre portée par la courbe *acu* sur le filet qui est au-dessus de la scotie inférieure.

137. Les courbes *vogqpd* sont les traces verticales des deux cylindres obliques formés par les rayons lumineux qui s'appuient sur les surfaces des deux scoties.

Les courbes de contact servant de directrices à ces deux cylindres, étant enveloppées entièrement (*fig.* 94 et 95) par les ombres des cercles horizontaux *hk*, *er*, on pouvait prévoir qu'aucun point de ces courbes n'appartiendrait au contour de l'ombre portée sur le plan vertical de projection, et ces lignes n'ont été tracées ici que comme études.

Ballustres.

138. Ce que nous venons de dire peut s'appliquer (*fig.* 96 et 97) au tracé des ombres sur les ballustres que l'on peut considérer comme des vases dont le col serait plus allongé.

Chapiteau toscan.

139. Le tracé des ombres du chapiteau (*fig.* 98 et 99, *PL.* 17) sera, pour le lecteur, une seconde occasion d'appliquer les principes des numéros 114, 115, etc.

En effet, à l'exception de la partie carrée qui forme le dessus du chapiteau, et que l'on nomme le tailloir, toutes les autres moulures sont des parties de surfaces annulaires, et les lignes de séparations sur ces moulures se construiront comme nous l'avons dit plus haut.

Les rayons lumineux qui s'appuient sur les arêtes inférieures du tailloir, forment deux plans obliques.

Les intersections du fût de la colonne par ces plans sont deux ellipses qui se coupent aux points *a*, *c* situés sur le rayon de lumière du point *a*.

140. Si, pour tracer les ombres, on emploie le principe des plans coupants, les courbes de section varieront de forme suivant la position de ces plans.

Quelques-unes des sections pourront contenir jusqu'à 12 points, savoir (*fig.* 101) :

Le point 1, suivant lequel un rayon de lumière touche le filet au-dessus du tailloir.

Le point 2, ombre du point 1, appartient à l'ombre portée sur la face verticale du tailloir par l'arête inférieure du filet.

Le point 3, sur l'arête inférieure du tailloir,

Le point 4, ombre du point 3, appartient à la courbe suivant laquelle le quart de rond est coupé par le plan oblique des rayons qui s'appuient sur l'arête inférieure du tailloir.

Le point 5 fait partie de la ligne de séparation sur le quart de rond.

Le point 6, est l'ombre portée par le point précédent sur le filet qui est au-dessous du quart de rond.

La courbe d'ombre portée par le quart de rond sur le filet, est coupée (*fig*. 98) par deux arcs d'ellipses, provenant de l'intersection de la surface cylindrique du filet par les deux plans obliques, formés par les rayons qui s'appuient sur les arêtes inférieures du tailloir.

Le point 7, sur l'arête inférieure du filet.

Le point 8, ombre du point 7, appartient à la courbe d'ombre portée sur le fût de la colonne par l'arête inférieure du filet.

Cette courbe est coupée (*fig*. 98) par les deux arcs d'ellipse provenant de l'ombre portée sur le fût par les arêtes inférieures du tailloir.

La courbe *vu* est l'intersection du fût de la colonne par le cylindre oblique formé par les rayons lumineux qui s'appuient sur une partie du quart de rond.

Le point 9 (*fig*. 101) appartient à la ligne de séparation sur l'astragale.

Le point 10 est l'ombre du point 9 sur la surface cylindrique du filet qui est au-dessous de l'astragale.

Le point 11 appartient à l'arête inférieure du filet.

Enfin, le point 12, ombre du point 11, fait partie de la courbe d'ombre portée sur le fût par l'arête inférieure du filet.

La courbe *zy* est l'intersection du fût de la colonne par une partie des rayons qui s'appuient sur l'astragale.

141. Pour quelques plans coupants, la courbe de section pourra ne contenir que six points (*fig*. 100).

142. Enfin, il sera possible que les rayons qui s'appuient sur l'arête inférieure du tailloir, ne rencontrent pas le chapiteau, ce que l'on reconnaîtra, parce que ces rayons passeraient au-dessus ou au-dessous des courbes provenant de la section des surfaces rondes par les plans coupants.

Ces rayons, prolongés jusqu'à leur rencontre avec les surfaces des corps extérieurs, détermineront sur ces corps l'ombre portée par le chapiteau.

143. Dans la figure 102, les projections du rayon de lumière font des angles de 45° avec la ligne de terre.

Projections obliques.

144. Il arrive souvent, surtout dans les dessins de machines, que l'on soit conduit à projeter des corps placés dans une position inclinée par rapport aux plans de projections.

Dans ce cas, le contour de la projection est la trace du cylindre qui serait engendré par une droite perpendiculaire au plan de projection, et qui dans son mouvement resterait toujours tangente à la surface du corps proposé.

145. Le lecteur a probablement reconnu l'analogie qui existe entre cette question et la détermination des ombres lorsque la lumière provient du soleil.

146. On conçoit effectivement que dans l'un comme dans l'autre cas, il s'agit de déterminer la courbe suivant laquelle la surface du corps est touchée, par une suite de plans parallèles à une droite donnée.

La seule différence c'est que, dans le problème des ombres, cette droite exprime la direction de la lumière, tandis que dans la recherche du contour de la projection d'un corps sur un plan, elle est perpendiculaire à ce plan.

La surface cylindrique engendrée par le mouvement de cette droite se nomme *cylindre projetant*, et sa trace forme le contour de la projection demandée.

147. Nous avons vu (114) que la surface annulaire du torre renfermait les éléments de toutes les surfaces de révolution. Le lecteur pourra donc appliquer à tous les cas particuliers de ce genre de surface, les opérations indiquées *Pl.* 18, *fig.* 103,

104, 107, pour construire la projection oblique et les ombres d'une surface annulaire.

La section méridienne étant donnée, *fig.* 103, on fera, *fig.* 104, une projection auxiliaire sur un plan perpendiculaire à l'axe de la surface.

L'épure étant disposée comme nous venons de le dire, voici quel sera l'ordre des opérations.

Projection.

148. La verticale *sa*, *fig.* 103, se projettera *fig.* 107, par un point s'', et sur la *fig.* 104, par la droite s'-a' parallèle au plan de la projection 103.

En opérant comme nous avons fait aux n°s 114, 118, on construira les deux courbes 1-2-3-4, 5-6-7-8, suivant lesquelles la surface proposée serait touchée par une suite de plans parallèles à la droite s-a, s'-a', et par conséquent perpendiculaires au plan horizontal de projection.

Ces courbes seront les directrices des deux cylindres projetants verticaux, qui touchent la surface extérieurement et dans le vide intérieur.

Les traces de ces cylindres formeront par conséquent le contour de la projection horizontale de la surface.

149. Pour construire ces traces, on abaissera des perpendiculaires de tous les points obtenus sur la projection 103, et l'on prendra (*fig.* 104) la distance de chacun de ces points au plan méridien *mn*, qui, étant parallèle à la projection 103, aura pour trace horizontale $m'n'$ (*fig.* 107).

Ainsi pour obtenir x'', on abaissera xx'', et l'on fera $x''u''$ (*fig.* 107) égal à $x'u$ (*fig.* 104).

On opérera de même pour tous les autres points.

150. On remarquera sur la figure 107, quatre points de rebroussement *z*, *r*, *t*, *v* analogues à ceux que nous avons obtenus dans l'ombre portée par le torre (*fig.* 78).

Ces points sont déterminés lorsque la verticale génératrice du cylindre projetant devient tangente à la courbe de contact.

151. Si on voulait obtenir la projection, sur tout autre plan, vertical ou incliné comme l'on voudrait dans l'espace, il est évident qu'il suffirait de recommencer l'opération précédente, et de construire sur les figures 103 et 104, les courbes suivant lesquelles la surface serait touchée par une suite de plans, perpendiculaires au plan donné.

Ces courbes seraient comme précédemment, les directrices des cylindres projetants, dont les intersections avec le plan proposé détermineraient le contour de la projection de la surface sur ce plan.

152. Le principe précédent est évidemment applicable à toutes les surfaces de révolutions; mais, dans le cas particulier d'une surface annulaire, on peut obtenir très-promptement la projection oblique en opérant de la manière suivante:

On construira (*fig.* 106) l'ellipse résultant de la projection de la circonférence parcourue par le centre du cercle générateur de la surface, puis en prenant sur cette ellipse un certain nombre de points assez rapprochés, on décrira de chacun de ces points comme centre, un cercle égal au cercle générateur, la courbe tangente à toutes ces circonférences sera le contour de la projection demandée.

En effet, tous ces cercles pourront être considérés comme les projections d'une suite de sphères dont l'enveloppe sera la surface proposée.

153. La figure 105 est la projection oblique d'un cavé, et la figure 108 fait voir l'application que l'on peut faire des principes précédents au dessin des machines.

Ombres.

154. Supposons que les droites *s-l*, *s''-l''* (*fig.* 103 et 107)

soient les deux projections d'un rayon de lumière : on construira la droite l-l' perpendiculaire sur mn et faisant l'-o' (*fig.* 104) égal à l''-l'' (*fig.* 107), on aura s'-l' pour la projection du rayon de lumière sur la figure 104.

Cela étant fait, on construira (114) (*fig.* 103 et 104), les deux courbes 9-10-11-12, 13-14-15-16, suivant lesquelles la surface annulaire serait touchée par une suite de plans parallèles au rayon s-l, s'-l', ces deux courbes, formant les lignes de séparation sur la surface, seront transportées sur la projection 107, en opérant comme nous l'avons dit au numéro 149.

Ces courbes seront les directrices de deux cylindres dont les traces formeront le contour de l'ombre portée sur le plan horizontal par la surface proposée.

Ellipsoïde.

155. Pour deuxième exemple des projections obliques, nous prendrons un ellipsoïde de révolution dont l'axe serait placé dans l'espace d'une manière quelconque.

Les données sont (*fig.* 109 et 110, *PL.* 19) :

1° Les deux projections ac, $a'c'$ de l'axe de la surface proposée.

2° La droite oe (*fig.* 109) égale au rayon de l'équateur.

3° Les deux projections s-l, s'-l' d'un rayon de lumière.

On demande les projections verticale et horizontale de la surface, et la ligne de séparation.

156. Les opérations qui vont suivre sont la conséquence de ce principe, dont on trouvera la démonstration dans les traités d'analyse ; *lorsqu'une surface du second degré est touchée par un cylindre, la courbe de contact est une courbe plane.*

157. Dans le cas d'un ellipsoïde, cette courbe est une ellipse. Ainsi, les courbes suivant lesquelles la surface proposée est touchée par les cylindres projetants, sont des ellipses ; les traces de ces cylindres, et par conséquent les projections de la surface sur tels plans que l'on voudra, seront des ellipses. La ligne de

séparation et l'ombre portée sur un plan quelconque seront des ellipses.

Ces propriétés, particulières à l'ellipsoïde, conduisent naturellement à faire usage de projections auxiliaires, perpendiculaires aux plans de toutes ces courbes, qui alors se projetteront par des lignes droites (*Géom. descrip.*).

Voici dans quel ordre il faudra opérer :

158. *Projection verticale.* On construira (*fig.* 111) le triangle rectangle $c''a''v'$, dans lequel $a''v'$ doit être égal et parallèle à ac, projection verticale de l'axe, et le côté $c''v'$ égal à $c'v$ (*fig.* 110), doit être la différence des distances des points a' et c', au plan vertical de projection.

L'hypoténuse $c''a''$ (*fig.* 111) sera l'axe de la surface rabattu dans sa véritable longueur, sur le plan vertical de projection; de sorte qu'en faisant $o''e''=oe$, l'ellipse $ze''a''$ sera une section méridienne de la surface proposée

Le diamètre zx passant par le milieu de la corde $a''h$, sera la projection de l'ellipse suivant laquelle la surface serait touchée par le cylindre projetant perpendiculaire au plan vertical de projection, et les droites zz', xx' perpendiculaires sur ac, détermineront les deux points z', x' pour les extrémités du grand axe de l'ellipse qui forme la projection verticale de la surface. Le petit axe oe fait partie des données de la question.

159. *Projection horizontale.* On fera comme ci-dessus une projection auxiliaire (*fig.* 112), sur un plan vertical parallèle à $a'c'$.

Le grand axe $a'''c'''$ sera l'hypoténuse d'un triangle rectangle dont un côté $c'''r'$ doit être égal à $a'c'$ (*fig.* 110), et l'autre côté $a'''r'$ égal à ar (*fig.* 109), doit être la différence des distances des points a, c au plan horizontal de projection.

Le petit axe $o'''e'''$ est égal à oe (*fig.* 109).

Le diamètre ky, passant par le milieu de la corde $c'''b$, sera, sur la figure 112, la projection de l'ellipse suivant laquelle la surface serait touchée par le cylindre projetant perpendiculaire au plan horizontal.

Les points k, y projetés en k', y', détermineront k' y' pour le grand axe de l'ellipse formant la projection horizontale de la surface. Le petit axe de cet ellipse sera oe' égal à oe (*fig.* 109).

160. *Ligne de séparation.* On construira d'abord (*fig.* 113) avec un rayon $o^{IV}e^{IV}$, une circonférence qui sera la projection de la surface sur un plan perpendiculaire à son axe.

Pour obtenir sur la figure 113 la direction des rayons lumineux, nous construirons les deux projections d'un de ces rayons sur les figures 109 et 110, et nous choisirons de préférence celui dont la direction passerait par le centre de la surface.

Le point s, s' étant pris à volonté sur ce rayon, nous prendrons (*fig.* 109) la distance sp, qui est la hauteur du point s au-dessus du plan horizontal qui contient le centre de la surface, et cette hauteur sp étant portée de p' en s''' sur la droite $s'p'$, on aura s''-o'' pour la projection du rayon lumineux sur la figure 112.

Enfin, le point s''' étant projeté en s'' sur le plan $m'''s''$ et rabattu en s^{IV}, on aura la droite s^{IV}-o^{IV} pour la projection de lumière sur la figure 113.

Or, si l'on suppose le plan méridien $s^{IV}o^{IV}$ rabattu (*fig.* 114), la projection de la courbe de séparation sur ce plan sera une ligne droite dg.

Cela provient de ce que le méridien $s^{IV}o^{IV}$, étant un plan de symétrie par rapport à l'ellipsoïde et au cylindre enveloppant formé par les rayons lumineux, sera par conséquent perpendiculaire au plan qui contient tous les points de la ligne de contact.

L'ellipse $a^{V}c^{V}$ étant une section méridienne, est égal aux ellipses que nous avons déjà construites (*fig.* 111 et 112), le rayon s^{V}-o^{V} s'obtiendra en portant sur la figure 114, $s^{V}q'$ égal à $s'''q$, qui, sur la figure 112 représente la distance du point s au plan de l'équateur de la surface.

Le diamètre dg, projection de la ligne de séparation, doit passer par le milieu de la corde $a^{IV}i$ parallèle à s^{V}-o^{V}. La ligne de séparation étant obtenue sur la figure 114, il reste à la construire successivement sur chacune des projections précédentes.

161. Si nous supposons que la surface soit coupée par un plan mt, perpendiculaire à l'axe $a^{v}c^{v}$, la section sera un cercle projeté (*fig.* 114), par la droite mt, et (*fig.* 113) par la circonférence $m't'm'$. L'intersection de cette circonférence avec la ligne de séparation déterminera deux points projetés sur la figure 114 par le point unique m, et sur la figure 113 par les deux points m'.

L'un de ces points m', projeté en m'' et ramené de là en m''', sera le pied d'une droite $m'''m^{iv}$, perpendiculaire au plan $m'''s''$ et sur laquelle on fera $n'm^{iv}$ égal à mn, qui, sur la figure 114, représente la distance du point m au plan de l'équateur de la surface.

L'intersection de la droite $m^{iv}m^{v}$ perpendiculaire sur $a'c'$ avec la droite $m'm^{v}$, perpendiculaire sur $o'c'$, déterminera le point m^{v}, projection du point m sur la figure 110.

Enfin, pour avoir la projection du même point sur la figure 109, on fera $u'm^{vi}$ égal à um^{v} qui, sur la figure 112, exprime la distance du point m au plan horizontal qui contient le centre de la surface.

Les mêmes opérations répétées feront connaître autant de points que l'on voudra.

162. J'ai donné cet exemple pour faire comprendre comment, par un choix plus ou moins heureux de plans auxiliaires, on peut réduire en quelque sorte à leur plus simple expression les projections des lignes qui concourent à la solution d'un problème.

On pourrait représenter par une seule ellipse les trois projections auxiliaires, 111, 112 et 114, rabattues les unes sur les autres en tournant autour de l'axe, mais dans ce cas, la difficulté de suivre par la pensée, le chemin parcouru par chaque point dans ces divers rabattements, n'aurait pas été compensée par l'avantage de construire deux ellipses de moins.

Cette manière de disposer l'épure aurait eu il est vrai, pour résultat, d'habituer le lecteur à vaincre les obstacles qui résultent souvent du peu d'étendue de la feuille sur laquelle il dessine, mais j'ai cru devoir préférer ici, la disposition qui met le plus clairement en évidence les propriétés qui appartiennent particulièrement à la surface choisie pour sujet de cette étude.

163. Les figures 115 et 116 sont les deux projections d'un ellipsoïde perpendiculaire au plan horizontal.

Le plan méridien $s'o'$ tournant autonr de l'axe, est rabattu en $s''o'$. Par suite de ce mouvement, le rayon de lumière so devient $s'''o$, et le diamètre vu, passant par le milieu de la corde ac parallèle à $s'''o$, est la projection de la ligne de séparation sur le plan du méridien $s'o'$.

Le point v, projeté en v' et ramené en v'', déterminera le petit axe $o'v''$ de l'ellipse formant la projection horizontale de la ligne de séparation.

La projection verticale de cette courbe s'obtiendra (*fig.* 115) en projetant chacun de ses points sur le cercle horizontal auquel il appartient.

164. Si l'on voulait obtenir (*fig.* 117) la ligne de séparation dans le cas où la lumière proviendrait d'un point lumineux, on ferait bien de projeter la surface sur le plan méridien qui contiendrait ce point.

CHAPITRE II.

Surfaces réglées.

165. La détermination des lignes qui forment les limites des projections et des ombres sur les surfaces réglées, dépend de ce principe de Géométrie descriptive.

166. *Tout plan, qui contient une génératrice d'une surface réglée, est tangent à cette surface, quelle que soit du reste sa direction.*

On sait en effet qu'un plan tangent est toujours déterminé par cette condition qu'il doit contenir deux tangentes.

Or, la génératrice *ac* (*fig.* 118, *PL.* 20), par laquelle on fait passer un plan *p* quelconque, peut toujours être considérée comme une première tangente. De plus, ce plan contient la droite *mn* tangente à la courbe *vu*, suivant laquelle il coupe les autres génératrices de la surface. Il contiendra donc les deux tangentes *ac*, *mn*.

167. Ainsi, nous admettrons comme conséquence du principe qui vient d'être démontré que *pour construire un plan tangent à une surface réglée, il suffit de le faire passer par une quelconque des génératrices de cette surface.*

On construira la courbe *vu*, et le point de tangence *o* sera déterminé par l'intersection de cette courbe avec la génératrice *ac*, par laquelle on a fait passer le plan tangent.

168. Si on faisait tourner le plan tangent autour de la génératrice *ac*, le point de tangence glisserait le long de cette droite et changerait de place pour chacune des différentes positions du pa n tangent.

169. Si la surface réglée avait un plan directeur, et que le plan tangent lui fût parallèle, le point de tangence serait à l'infini.

170. D'après cela on conçoit comment il sera possible de déterminer la ligne de séparation sur une surface réglée.

1° *On fera passer* (fig. 122) *par chaque génératrice, un plan parallèle à la direction de la lumière.*

2° *On déterminera le point où chacun de ces plans touche la surface* (167).

La courbe passant par tous ces points sera la ligne cherchée.

171. *Si on remplace le rayon lumineux par une droite perpendiculaire au plan de projection, la courbe que l'on obtiendra sera le contour de la projection de la surface.*

172. On pourrait remplacer la construction de la courbe *vu* (*fig.* 118), par celle d'une ligne droite.

En effet, soient les trois courbes A, B, C (*fig.* 119) servant de directrices à une surface réglée, *ac* étant une génératrice de la surface.

Par les points *a*, *s*, *c* suivant lesquels la droite *ac* s'appuie sur les trois directrices A, B, C, concevons les trois tangentes *t*, *t'*, *t''*.

Ces tangentes pourront être prises pour directrices d'un hyperboloïde à une nappe qui touchera la surface donnée suivant toute la longueur de la génératrice *ac*, d'où il résulte que tout plan tangent à l'hyperboloïde sera tangent à la surface primitive.

Or on sait que, par suite de la double génération de l'hyperboloïde, tout plan tangent à cette surface contient les deux génératrices droites qui passent par le point de tangence. De sorte que l'une de ces génératrioes étant prise pour première tangente, la seconde génératrice remplace la courbe de section *vu* (*fig.* 118), qui dans le cas de l'hyperboloïde se confond avec sa tangente.

173. Supposons actuellement que par la génératrice *ac* on ait fait passer un plan tangent quelconque (166) et que l'on veuille déterminer le point où ce plan touche la surface.

1° On construira *les trois tangentes* t, t', t'' *directrices de l'hyperboloïde tangent.*

2° *Les deux droites* a'c', a''c'' *qui s'appuient sur les trois tangentes.*

3° *Les deux points* m, n, *suivant lesquels les droites* a'c', a''c'' *sont coupées par le plan tangent*, *et la ligne* mn *qui joint ces points*, *sera la deuxième tangente.*

En effet, cette droite s'appuyant sur les trois directrices *a'c'*, *ac*, *a''c''* sera une génératrice de l'hyperboloïde, et par conséquent, sera tangent à la surface primitive.

L'intersection des deux tangentes ac, mn *déterminera le point de tangence* o.

174. Chacune des tangentes *t*, *t'*, *t''* combinée avec la droite *ac*, déterminera un plan tangent.

Dans chacun de ces plans on pourra mener une infinité de droites tangentes à la surface, et si on prend une quelconque de ces tangentes dans chacun des trois plans tangents, on pourra en faire les directrices d'un hyperboloïde tangent.

Or, puisque l'on peut prendre pour ces directrices les tangentes que l'on voudra, il en résulte qu'il y a une infinité d'hyperboloïdes tangents à la surface donnée suivant la droite *ac*, et que l'on pourra toujours choisir parmi ces hyperboloïdes celui qui, par la disposition de ses directrices, serait le plus commode pour la construction de l'épure.

Si on choisit de préférence trois tangentes parallèles à un même plan, elles pourront être prises pour les directrices d'un paraboloïde hyperbolique, dont la construction est ordinairement plus simple que celle de l'hyperboloïde à une nappe.

Enfin, le plan directeur du paraboloïde pouvant être pris à volonté, on pourra choisir celui dont la direction serait la plus favorable.

175. Dans tous les cas, la construction du plan tangent à une surface réglée quelconque, peut toujours être remplacée par la construction du plan tangent à un hyperboloïde ou à un paraboloïde qui toucherait la surface donnée, suivant la génératrice sur laquelle on veut obtenir le point de tangence, et l'avantage qu'il y aurait à cette solution serait de remplacer la courbe *vu* (*fig.* 118), par une ligne droite *mn* (*fig.* 119).

176. Lorsque l'on applique cette théorie à la recherche de la ligne de séparation, tous les plans tangents dovent être parallèles à la direction du rayon lumineux.

Or, si on prend un plan auxiliaire de projection, perpendiculaire à cette droite, la construction de la courbe *vu* (*fig.* 118) ou de la droite *mn* (*fig.* 119) sera plus facile, puisqu'elle dépendra de l'intersection des génératrices de la surface ou du paraboloïde tangent, par un plan perpendiculaire au plan de projection.

177. J'ai dû, avant d'aborder les applications, résumer en

quelque sorte toute la théorie des plans tangents aux surfaces réglées, afin d'avoir un point de départ auquel le lecteur puisse rattacher les solutions particulières, à chacun des exemples que nous allons choisir pour sujet d'exercice.

Malheureusement, le principe général, tel que nous venons de l'exposer, n'est presque jamais applicable, pour deux raisons.

La première, c'est que dans la pratique on rencontre très-peu de surfaces réglées qui se contournent, se tordent en quelque sorte assez brusquement, pour que le plan qui contient la génératrice que l'on a choisie pour première tangente puisse couper les autres génératrices dans les limites de la feuille sur laquelle on dessine.

Ensuite, quand ces intersections ont lieu sur l'épure, elles se font presque toujours suivant des angles si aigus, qu'il n'est pas possible de compter sur l'exactitude de la courbe ou de la droite qui en provient. D'ailleurs, cette courbe ou cette droite, en les supposant rigoureusement obtenues, coupent souvent la première tangente trop obliquement pour déterminer le point de tangence d'une manière convenable.

C'est pourquoi on préfère presque toujours employer une construction particulière dont le choix est déterminé :

1° Par la nature particulière de la surface ;

2° Par sa position dans l'espace ;

3° Par la direction des rayons lumineux.

Hyperboloïde de révolution.

178. Proposons-nous de construire les projections et les ombres d'un hyperboloïde de révolution à une nappe posée transversalement sur un cylindre circulaire horizontal A.

On sait (*Géométrie desc.*) que cette surface peut être classée à volonté parmi les surfaces réglées ou parmi les surfaces de révolutions.

Sous ce dernier point de vue, il est évident que l'on pourrait opérer comme nous l'avons fait aux numéros 144, 155.

Mais cette question ayant été suffisamment étudiée, nous considérerons l'exemple proposée comme surface réglée, et dans ce cas, voici quel sera l'ordre des opérations :

179. Les données sont :

1° La projection hh' de l'axe sur le plan vertical (*fig.* 123) ;

2° La projection verticale zc d'une génératrice, et la projection $z'c'$ de cette même génératrice sur le plan de la figure 124, qui est perpendiculaire à l'axe, et sur laquelle, par conséquent, cet axe se projette par un point h''.

3° Les deux projections sl, $s''l''$ d'un rayon de lumière.

180. *Projections.* On commencera par construire la projection 124 perpendiculaire à l'axe hh' de la surface (*Géom. desc.*).

En considérant les génératrices comme infinies, on pourra toujours décrire la circonférence $z'm'u'$ avec un rayon tel que l'arc $z'c'$ ait une commune mesure avec la circonférence $z'm'u'$.

Cette commune mesure divisera donc l'arc $z'c'$ et la circonférence $z'm'u'$ en parties égales.

Quoique la surface proposée puisse être engendrée par une droite, de deux manières différentes, on n'a représenté ici qu'une des deux générations.

Projection verticale. Par les points z, c, ramenés (*fig.* 123) sur la génératrice zc, on construira les deux plans pq, $p'q'$ perpendiculaires à l'axe hh'. Les intersections de la surface par ces deux plans, seront deux cercles parallèles projetés (*fig.* 124) par la circonférence $z'm'u'$.

Les points de division de cette circonférence étant projetés sur gy, on les ramènera dans les plans pq, $p'q'$, en les faisant tourner autour de l'horizontale projetante du point g.

Cette opération déterminera (*fig.* 123) les points par lesquels doivent passer les projections verticales des génératrices de la surface.

On fera bien, pour éviter les erreurs, de désigner par un même chiffre les points qui, dans les plans pq, $p'q'$, appartiennent à la même génératrice.

181. *Projection horizontale*. Par tous les points projetés sur les traces des plans pq, $p'q'$ (*fig*. 123), on abaissera des verticales dont les intersections avec les droites menées parallèlement à la ligne de terre par les points correspondants de la figure 124 détermineront, sur la figure 125, les projections horizontales de ces mêmes points.

Cette opération donnera les deux ellipses $z''u''$, $c''n''$.

Enfin, on joindra les points obtenus sur la première de ces deux ellipses avec les points correspondants de l'autre, ce qui donnera les projections horizontales des génératrices de la surface.

182. *Contour des projections*. Des courbes tangentes aux projections verticales et horizontales des génératrices que nous venons de tracer détermineront le contour des projections avec toute l'exactitude suffisante pour la pratique.

On conçoit d'ailleurs qu'en construisant un plus grand nombre de génératrices l'ensemble des parties très-petites, comprises entre les points où chacune de ces droites est coupée par celle qui précède et par celle qui suit, formerait la courbe sans qu'il soit nécessaire de la tracer.

On est d'autant plus autorisé à regarder ce résultat comme suffisamment exact que ces portions de droites sont plus petites précisément là où la courbure de la ligne cherchée est la plus grande.

Une autre raison pourrait encore engager à se contenter du contour formé par les intersections des génératrices, c'est qu'en général les projections des corps inclinés n'étant employées que pour décrire les objets, pour en faire mieux comprendre la forme, et pour indiquer les relations de position qui existent entre ces objets et d'autres qui seraient placés autrement dans l'espace, ces sortes de projections n'exigent pas une exactitude aussi rigoureuse que celles qui ont pour but de déterminer le tracé des coupes nécessaires à la construction du corps représenté.

Or, les personnes qui ont l'habitude des ateliers savent que, lorsqu'on veut exécuter une pièce quelconque de machine ou de bâtiment, on fait une projection particulière de cette pièce sur le plan de projection le plus simple quant à sa position, et l'on évite au contraire les projections obliques, qui ne donnent jamais les véritables dimensions de l'objet proposé.

Cependant, pour satisfaire les esprits avides d'une rigoureuse exactitude, pour exercer et fortifier l'imagination du lecteur, et pour le cas où l'on ne voudrait tracer sur l'épure qu'un très-petit nombre de génératrices, nous allons dire comment on pourrait déterminer sur chacune de ces lignes le point où elle doit être touchée par la courbe formant le contour de la projection de sa surface.

Supposons, par exemple, que l'on veut avoir le point où la génératrice *zc* est touchée par la courbe qui forme le contour de la projection horizontale; cela revient à déterminer le point suivant lequel la surface est touchée par le plan vertical $c''m''$ qui contient cette génératrice.

Or, par suite de la double génération de l'hyperboloïde, le plan tangent vertical qui a pour traces $m''c''$ (*fig.* 125) coupe la surface suivant deux génératrices, dont les projections horizontales $z''c''$, $m''n''$ se confondent avec la trace du plan.

La première de ces deux lignes, étant projetée sur le plan de la figure 124, devient $z'c'$, et la seconde devient $m'n'$.

Leur intersection o' est le point de tangence demandé qui, ramené en o'' (*fig.* 125) sur la trace du plan $m''c''$, appartient au contour de la projection horizontale.

Pour vérifier la construction, on projettera les deux génératrices *zc*, *mn* sur la figure 123, et leur intersection *o* devra se trouver dans la verticale o''–o.

On déterminera de la même manière autant de points que l'on voudra.

183. On fera bien de se rappeler le principe que nous avons énoncé au nº 156 ; car, dans le cas particulier qui nous occupe, il en résultera une simplification remarquable. En effet, le méridien parallèle au plan vertical, sera un plan de symétrie par rapport à la surface et au cylindre projetant perpendiculaire au

plan horizontal, d'où il résulte que la courbe de contact composée de deux branches d'une hyperbole se projettera sur le plan vertical par la droite *tr*.

Il suffira donc, pour obtenir cette ligne, de faire deux fois l'opération précédente.

La droite *tr* coupera les projections verticales des génératrices suivant des points qui, projetés (*fig.* 125) sur les génératrices correspondantes, appartiendront au contour de la projection horizontale.

184. *La projection verticale* étant parallèle à l'axe, le contour sera une section méridienne projetée sur les figures 124 et 125 par la droite qui joindrait h'' avec h''', de sorte qu'il suffira d'élever des perpendiculaires par les points où cette ligne coupe les projections horizontales des génératrices.

185. Sur la figure 124, le point de tangence est au milieu de chacun des petits côtés formés par les intersections successives des génératrices, de sorte que le contour de la projection est formé par le cercle inscrit dans le polygone régulier qui a pour côtés ces petites portions de génératrices.

Ce cercle n'est autre chose que le cercle de gorge de la surface.

186. *Ligne de séparation.* Reprenons la génératrice *zc* et cherchons à déterminer sur cette droite un point de la courbe de séparation.

1° Par un point ll' pris où l'on voudra sur la génératrice *zc*, $z'c'$, on construira le rayon lumineux *l-s*, l'-s''.

2° Ce rayon percera le plan *pq* en un point *s* qui, projeté sur $p'q'$ et rabattu sur *gy*, viendra se projeter en s' sur le plan de la figure 124; la droite $s'c'$ sera donc l'intersection du plan *pq*, par le plan tangent qui contient la génératrice *zc* et le rayon de lumière *s-l*, s''-l''.

L'intersection de la droite $s'c'$ avec la circonférence $z'm'u'$, déterminera le point v' qui appartient à la seconde tangente; on construira la projection $v'u'$ de cette ligne en menant par le point v' une tangente au cercle de gorge, ou en faisant la corde $v'u'$ égale à $z'c'$.

L'intersection des deux tangentes $z'c'$, $v'u'$ sera le point demandé x; on ramènera ce point en x' et x'' sur les deux projections 123 et 125, en opérant comme nous l'avons dit plus haut, ou en construisant les projections verticales et horizontales de la seconde tangente, dont l'intersection avec la première donne le point cherché x', x''.

L'intersection de cette seconde tangente vu, $v''u''$ par le rayon de lumière zz''', $z''z^{iv}$, déterminera le point $z'''z^{iv}$ pour l'ombre portée par le point z, z'' dans l'intérieur de la surface; cela résulte de ce que la droite vu, $v''u''$ provient de l'intersection de la surface par un plan qui contient le rayon du point z.

187. Ainsi, les plans *tangents* auxiliaires employés pour déterminer les points de la ligne de séparation serviront en même temps comme plans *coupants* pour déterminer l'ombre portée dans l'intérieur de la surface par les points de l'arc de cercle ai, $a'i'$.

188. On sait (*Géom. analyt.*) que *tout cylindre qui a pour directrice une section plane d'une surface du second degré, coupe cette surface suivant une autre courbe du second degré.*

Par conséquent, la courbe d'ombre portée $az'''i$, $a'z^{iv}i''$ provenant de l'intersection de la surface par le cylindre formé par les rayons lumineux qui s'appuyent sur l'arc de cercle ai, $a'i'$, est une courbe plane.

De plus, il résulte du principe énoncé au n° 183, que les deux parties de la ligne de séparation sont deux branches d'hyperboles, et par conséquent sont situées dans un même plan.

Toutes ces courbes se projetteraient donc en lignes droites, si l'on prenait un plan de projection perpendiculaire à la droite ai, $a'i'$ suivant laquelle le plan de la courbe d'ombre portée coupe le plan des deux courbes de séparation.

189. Cette relation est rendue sensible par la figure 120, sur

laquelle az' est l'ombre portée par l'arc za, tandis que la droite ax est la projection verticale commune aux deux branches de la courbe de séparation.

Si on voulait faire une épure en grand de cette figure, il faudrait prendre pour points de division sur l'ellipse $z''c''$ (*fig.* 121) les points où cette courbe est rencontrée par les ordonnées des points qui divisent en parties égales la circonférence $z''uc''$; sans cette précaution, la surface engendrée ne serait pas un hyperboloïde, et par conséquent ne jouirait pas de la propriété de la double génération.

Surfaces hélicoïdes.

190. On donne en géneral ce nom aux surfaces qui ont pour directrices des *hélices.*

191. On sait (*Géom. desc.*) qu'*une hélice est la courbe engendrée par un point qui se meut sur un cylindre en s'élevant à chaque instant d'une quantité proportionnelle à l'espace parcouru par sa projection horizontale.*

Il résulte de cette définition :

1° *Que l'hélice coupe toutes les génératrices suivant un angle constant.*

2° *Que l'hélice et toutes ses tangentes font partout le même angle avec un plan perpendiculaire au cylindre.*

3° *Que dans le développement du cylindre qui contient l'hélice, cette courbe se transforme toujours en ligne droite.*

La distance entre deux intersections successives de la courbe avec la même génératrice se nomme le *pas de l'hélice*, et la portion de courbe correspondante se nomme une *spire.*

La section droite d'un cylindre est une hélice dont le pas égale *zéro.*

Les hélices se distinguent par la nature de la section droite du cylindre sur lequel elles sont tracées; lorsque cette section est un cercle, on dit que l'hélice est à base circulaire.

192. *Construction de l'hélice.* Supposons (*fig.* 131, *PL.* 21) que la circonférence *ao*3 soit la base ou projection horizontale d'une hélice dont le pas serait *hp*, on partagera cette verticale et la circonférence en un même nombre de parties égales, en 24 par exemple; on tracera ensuite une horizontale par chacun des points de division de la verticale *hp*.

Si l'on suppose actuellement que le point générateur, partant de zéro, tourne dans le sens de l'arc 0, 1, 2, 3, il est évident que, lorsqu'il sera parvenu sur la verticale du point 1, il se sera élevé d'une quantité égale à la 24e partie du pas, et sa projection verticale devra par conséquent se trouver sur la 1re horizontale au-dessus de la ligne de terre. Lorsque le point générateur sera parvenu sur la verticale du point 2, sa projection verticale sera élevée de 2 douzièmes du pas et sera sur la deuxième horizontale, etc.

Si on veut construire plusieurs hélices à la même hauteur, on relèvera les points sur les mêmes horizontales, mais, lorsqu'il y aura plusieurs hélices à des hauteurs différentes, on ne tracera pas de nouvelles horizontales pour chaque hélice, ce qui ferait confusion; on se contentera de porter avec le compas la différence de hauteur sur la verticale de chaque point à partir de l'horizontale passant par le point correspondant de la première hélice.

Ainsi, pour construire l'hélice *uvx*, on élèvera des perpendiculaires par chacun des 24 points de division de la circonférence *ao*3, puis sur chacune de ces perpendiculaires, et à partir de l'horizontale correspondante, on portera la distance *zu*, qui est la différence de hauteur des deux hélices.

Le point *x* sera déterminé sur la verticale *cx* en portant *zu* au-dessus de l'horizontale 18.

Lorsqu'une hélice a beaucoup de spires, on peut tracer avec beaucoup de soins sur une carte la courbe correspondante à l'une d'elles, et la rapporter ensuite à toutes les hauteurs en se servant de cette courbe pour diriger la pointe du crayon ou du tire-ligne.

193. *Tangente*. La tangente en un point quelconque d'une hélice est l'hypoténuse d'un triangle rectangle, dont la hauteur est à la base comme le pas de l'hélice est au développement de la circonférence du cercle qui en forme la projection, ou, ce qui est la même chose, comme un certain nombre de parties égales du pas est à un pareil nombre de parties égales de la circonférence de la base.

Cela est une conséquence de ce principe que l'hélice et sa tangente sont également inclinées par rapport aux génératrices du cylindre. D'après cela :

Supposons que l'on veuille construire une tangente au point m, m' (*fig*. 130 et 131).

On construira d'abord la tangente $m'n'$ (*fig*. 131).

Cette droite sera la trace horizontale du plan tangent au cylindre qui contient l'hélice, de sorte que si on fait $m'n'$ égal à 6/24 de la circonférence $m'c$, et que mm'' (*fig*. 130) soit égal à 6/24 du pas de l'hélice, la verticale $n'n$ déterminera le point n, et l'hypoténuse mn sera la projection verticale de la tangente au point m.

Filets de vis.

194. On distingue :

1° *La vis à filet carré ;*

2° *La vis à filet triangulaire.*

La première (*fig*. 135) est celle dont le filet serait engendré par le mouvement d'un rectangle $acvu$ tournant autour d'un cylindre, de manière que tous ses points décrivent des hélices de même pas.

Dans la vis à filet triangulaire, le filet est engendré par le mouvement d'un triangle nzx.

Les deux surfaces réglées engendrées par les côtés horizontaux ac, vu du rectangle $acvu$ (*fig*. 135) sont du genre de celles que l'on nomme hélicoïdes conoïdes, parce qu'elles ont pour directrice une hélice engendrée par l'un des points a, c, v, u, pour seconde directrice l'axe de la vis et que de plus elles ont un plan directeur perpendiculaire à cet axe.

Les surfaces réglées du filet triangulaire ont pour directrices l'axe de la vis et les hélices engendrées par les points n, z, x.

Nous allons nous occuper principalement des surfaces réglées du filet triangulaire, parce que, n'ayant pas de plan directeur, elles ont un caractère de généralité qui manque aux surfaces du filet carré. Il sera d'ailleurs facile d'appliquer à ces dernières surfaces ce que nous allons dire des premières.

195. Étudions d'abord en particulier la surface supérieure du filet, celle par exemple qui serait engendrée par le côté nz (*fig.* 132), et que nous avons projetée (*fig.* 130) avec ses génératrices.

L'inclinaison de la génératrice et le pas des hélices directrices ont été augmentés afin de mieux faire sentir le contournement de la surface.

Les questions à résoudre sont :

1° *Déterminer les courbes qui forment le contour de la projection verticale de la surface;*

2° *Déterminer les lignes de séparation entre les parties éclairées et celles qui sont obscures;*

3° *Construire les courbes d'ombres portées sur les surfaces du filet par les lignes de séparation ou par les arêtes des filets supérieurs.*

Nous avons déja reconnu que les deux premières questions consistent toutes deux à *construire des plans tangents à la surface parallèlement à une droite donnée*, qui, dans le premier cas, serait l'horizontale projetante perpendiculaire au plan vertical, et, dans le second cas, le rayon lumineux.

Dans l'un comme dans l'autre cas, le nombre des plans tangents, et par conséquent le nombre des points de tangence étant infini, on peut se proposer d'obtenir chacun de ces points sur l'une des positions de la génératrice, ou sur une hélice engendrée par tel point que l'on voudra de cette génératrice.

Nous adopterons cette dernière condition.

196. Sur la figure 129 on a construit les hélices engendrées

par les trois points 1, 2, 3 de la génératrice *s*-1. Pour éviter la confusion, on a effacé toutes les autres génératrices qui ne sont pas nécessaires à la solution.

La hauteur du pas a été partagée en seize parties égales ainsi que la circonférence de la base.

Rappelons-nous qu'il s'agit de construire des plans tangents à la surface donnée parallèlement à une ligne droite *rl* (*fig.* 129 et 130), et que l'on veut obtenir le point de tangence sur l'hélice, qui a pour projection verticale la courbe 0-1-1″-1ᴵᵛ et pour projection horizontale la circonférence 1, 1′, 1‴.

197. Construisons d'abord au point 1 un plan tangent à la surface.

Pour y parvenir nous considérerons la droite *s*-1 comme première tangente.

En second lieu, la tangente à l'hélice *o*-1-1″ aura ses deux projections 1-*m*, 1-*m* perpendiculaires à la ligne de terre.

Si nous faisons (*fig.* 129) le triangle rectangle 1-*m*-*m*‴, tel que 1-*m* soit égal à 4/16 du pas, et que *mm*‴ soit égal à 4/16 de la circonférence, l'hypoténuse 1-*m*‴ sera la tangente à l'hélice, rabattue autour de la verticale projetante du point 1, jusqu'à ce qu'elle soit arrivée dans une position parallèle au plan vertical de projection.

Le point *m*″ ramené en *m* (*fig.* 134), sera la trace horizontale de la tangente à l'hélice.

De plus, la génératrice *s*-1, que nous avons prise pour première tangente, perce le plan horizontal en *n*, de sorte que la droite *mn* (*fig.* 134) est la trace horizontale d'un plan qui toucherait au point 1 la surface hélicoïde donnée.

198. Avant d'aller plus loin nous ferons remarquer que si à chaque point de l'hélice o-1-1″, on construisait un plan tangent à la surface donnée, tous ces plans feraient le même angle avec l'axe de cette surface.

En effet, les deux tangentes 1-*n*, 1-*m* et la verticale du point 1, pourront toujours être considérées comme les trois arêtes d'un angle solide triangulaire. Or les angles que font entre elles ces droites combinées deux à deux étant toujours les mêmes, quelle que soit la position du point de tangence sur l'hélice o-1′-1″, il en résulte que la vecticale du point 1, et par conséquent l'axe de la surface, feront toujours le même angle avec le plan des deux tangentes 1-*m*, 1-*n*.

Nous sommes parvenus, il est vrai, à construire au point 1 un plan tangent à la surface hélicoïde donnée. Mais ce plan n'est pas parallèle à la droite *rl*.

Or, on conçoit que si l'on faisait mouvoir le plan 1-*m*-*n*, de manière qu'il soit toujours tangent à la surface, en un point de l'hélice o-1-1″, il n'y aurait plus qu'à choisir parmi toutes les positions de ce plan mobile celle qui serait parallèle à la droite *rl*.

Mais à mesure que le plan monterait, en touchant toujours la surface hélicoïde, sa trace horizontale s'éloignerait du centre et changerait de direction; de sorte qu'il serait difficile de reconnaître le moment où ce plan serait arrivé dans une position parallèle à la droite *rl*.

199. On simplifiera les opérations nécessaires à l'expression de ce double mouvement en le décomposant de la manière suivante:

1° On abaissera du point *s* (*fig.* 134) la droite *sc* perpendiculaire sur *mn*, et l'on décrira du point *s*, comme centre, la circonférence *cc′c″*, qui sera la trace d'un cône circulaire, ayant son sommet en *s* et tangent au plan 1-*m*-*n*.

2° On fera tourner ce plan autour du cône, jusqu'à ce que sa trace parvenue en *m′n′* contienne la trace horizontale *a′* de la droite *sa*, menée par le point *s* parallèlement à la droite donnée *rl*.

Par suite de ce premier mouvement le point 1 viendra se placer en 1′, en décrivant un cercle horizontal 1-1′ projeté sur le plan vertical par la droite 1-1′ parallèle à la ligne de terre.

Le plan 1-*m*-*n* ramené dans la position 1′-*m*′-*n*′ (*fig.* 134) est, il est vrai, parallèle à *rl* puisqu'il contient la droite *sa*;

mais il a cessé d'être tangent à la surface hélicoïde, puisqu'il ne contient plus la droite s-1, génératrice de cette surface.

Or, en venant se placer dans la position 1'-m'-n', le plan 1'-m-n n'ayant pas cessé d'être tangent au cône droit qui a son sommet en s, et pour trace la circonférence c-c'-c'', il a toujours fait le même angle avec l'axe de la surface hélicoïde, et, par conséquent, dans chacune de ses positions il a toujours été parallèle à l'un des plans qui touchent cette surface en un point de l'hélice o-1-1''.

Il ne restera donc plus qu'à faire monter le plan 1'-m'-n', parallèlement à lui-même, jusqu'à ce qu'il soit venu reprendre, par rapport à la surface, une position analogue à celle qu'il occupait lorsqu'il avait pour trace la droite mn.

Dans ce deuxième mouvement, le point 1' viendra se placer de nouveau sur l'hélice o-1-1''. Sa projection horizontale 1' ne changera pas, et sa projection verticale viendra se placer en 1'', en parcourant la verticale 1'-1''.

De sorte que les points 1' (*fig.* 134) et 1'' (*fig.* 123) seront les projections du point de tangence demandé.

Ligne de séparation.

Si le lecteur a bien compris le principe précédent, il sera facile d'en faire l'application à la solution des deux problèmes qui font le sujet de la question proposée.

En effet, si nous supposons que la droite rl représente la direction d'un rayon lumineux, le point 1'-1'' fera partie de la ligne de séparation.

200. Pour obtenir plusieurs points de cette courbe, il suffira de recommencer l'opération pour d'autres hélices. Ainsi le plan tangent au point 2 de l'hélice 2-2'' aura pour trace horizontale la droite nv que l'on obtiendra en opérant comme au numéro 197.

On fera tourner ce plan autour du cône qui aurait pour base

la circonférence tangente à nv, jusqu'à ce que la trace $n'v'$ contienne le point a'.

Par ce premier mouvement, le point 2 viendra se placer en 2', d'où on le ramènera sur l'hélice, en lui faisant parcourir la verticale 2'-2''.

On construira de la même manière le point 3'' sur l'hélice 3-3^{vi}-3''.

La courbe 1''-2''-3'' suivant laquelle la surface proposée est touchée par une suite de plans parallèles aux rayons rl sera donc la ligne de séparation sur la surface.

201. Il existe sur la partie de cette surface qui est la plus voisine du plan vertical de projection une seconde ligne de séparation, que l'on obtiendra de la même manière.

En effet, en faisant tourner le premier plan tangent 1mn autour du cône scc', supposons qu'au lieu de l'arrêter dans la position 1'$m'n'$ nous continuions à le faire mouvoir jusqu'à ce que sa trace horizontale soit venue se placer en $m''n''$, de manière à contenir le point a'.

Dans cette nouvelle position, le plan mobile sera une seconde fois parallèle à la direction de la lumière, puisqu'il contiendra le rayon sa.

Le point 1 sera venu se placer en 1''', après avoir parcouru le grand arc horizontal 1, 1', 1''', projeté (*fig.* 129) par la droite 1, 1', 1'''. Il ne restera donc plus, comme précédemment, qu'à faire revenir le point 1''' sur l'hélice 1,''1^{iv} en lui faisant parcourir la verticale 1'''1^{iv}.

On obtiendra de la même manière les points 2^{iv}, 3^{iv} sur les deux hélices 2''2^{iv}, 3''3^{iv} engendrées par les points 2 et 3.

202. Les deux courbes 1''2''3'', 1^{iv}2^{iv}3^{iv} ont de l'analogie avec les lignes de séparation sur un cône; elles en différeront d'autant moins que le pas des hélices sera plus petit, et, dans le cas où ce pas se réduirait à zéro, la surface proposée deviendrait un cône droit à base circulaire, sur lequel les lignes de séparation se transformeraient en deux droites, passant par le sommet. Les hélices

seraient alors des circonférences provenant de la section du cône par des plans horizontaux.

203. Si l'on suppose les génératrices prolongées au delà des points où chacune d'elles rencontre l'axe, tous ces prolongements formeront une seconde nappe, qui n'a pas été projetée sur la figure 129, mais dont le lecteur pourra facilement se faire une idée.

Les lignes de séparation, sur cette partie de la surface seraient égales à celles que nous venons d'obtenir et se construiraient de la même manière. Elles seraient seulement dans une position renversée, leurs projections horizontales seraient les courbes *ks*, *st*.

204. Si le point a' était situé dans l'intérieur de la circonférence $cc'c''$, il n'y aurait pas de point de tangence sur l'hélice décrite par le point 1. Si la même chose avait lieu pour toutes les hélices situées sur les surfaces des filets, les parties inférieures de ces surfaces seraient entièrement obscures et les parties supérieures ne seraient touchées par aucun rayon lumineux, de sorte que tout se réduirait à construire l'ombre portée par la grande hélice formant l'arête saillante des filets.

205. Il peut encore arriver que la courbe de séparation ne rencontre que les hélices les plus rapprochées de l'axe, et qu'elle n'arrive pas jusqu'à la grande hélice, formant l'arrête exterieure du filet.

Enfin, la courbe de séparation sur la surface supérieure des filets peut être plongée entièrement dans l'ombre portée par le filet supérieur.

C'est ce cas qui a été supposé (*fig.* 127 et 128).

Contour de la projection verticale.

206. Pour appliquer ce qui précède à la recherche du contour de la projection verticale de la surface, il faudra remplacer la ligne rl par une droite perpendiculaire au plan vertical de projection.

Dans ce cas la trace mn du plan tangent doit être amenée dans une position $m'''n'''$, perpendiculaire à la ligne de terre. Le point 1, après avoir parcouru l'arc horizontal $1, 1^{v}$, projeté sur le plan vertical par la droite $1, 1^{v}$, viendra se placer en 1^{v}, d'où on le ramènera sur l'hélice 0-1-1″, en lui faisant parcourir la petite verticale $1^{v}1^{vi}$.

On déterminera de la même manière les points 2^{vi}, 3^{vi}, sur les hélices 2-2″, 3-3″.

207. Les deux courbes formant le contour de la projection (*fig*. 129) auront pour projections horizontales les courbes *ys*, *sp*.

Dans le cas où le pas serait nul, ces courbes se transformeraient en lignes droites.

Les courbes *gs*, *sq* forment la projection horizontale du contour de la projection verticale de la nappe qui serait formée par le prolongement des génératrices de la surface donnée.

Ombre portée.

208. Si on emploie le système des plans coupants, les courbes de sections s'obtiendront en déterminant les points où ces plans coupent les génératrices ou les hélices de la surface. On choisira celui de ces deux modes qui donnera les meilleures intersections.

209. Dans le cas où l'on voudrait avoir un point de la courbe d'ombre portée sur une ligne donnée de la surface, on opérerait de la manière suivante :

Supposons, par exemple, que l'on veut obtenir sur l'hélice $33^{vi}3''$ (*fig*. 129) un point de l'ombre portée par l'hélice 1, 1″, 1^{iv}.

On prendra (*fig*. 126) un plan horizontal auxiliaire *zx*.

On construira (*fig*. 133) la courbe $1^{vii}1^{vii}$ suivant laquelle ce plan coupe le cylindre oblique formé par les rayons lumineux qui s'appuient sur l'hélice 1, 1″, 1ᴵⱽ.

On construira ensuite la courbe 3ᵛᴵᴵ 3ᵛᴵᴵ, suivant laquelle ce même plan coupe le cylindre formé par les rayons qui s'appuient sur l'hélice 3-3″.

Le point 4 intersection des deux courbes 1ᵛᴵᴵ1ᵛᴵᴵ, 3ᵛᴵᴵ3ᵛᴵᴵ appartiendra aux deux cylindres, et, puisqu'ils sont parallèles, le rayon 44″ sera leur intersection, d'où il résulte que ce rayon s'appuyant sur les deux hélices 1″-1ᵛᴵ, 3-3″, le point 4″, où il rencontre la seconde, sera l'ombre portée par le point 4′ de la première.

210. Pour déterminer le point 5″ où la ligne de séparation est rencontrée par la courbe d'ombre portée 4″-5″, on construira (*fig*. 133) la courbe 3ᵛᴵᴵᴵ-1ᵛᴵᴵ suivant laquelle le plan *zx* (*fig*. 126) coupe le cylindre des rayons lumineux qui s'appuient sur la courbe 1″-2″-3″.

Le rayon 5-5″ touchera l'hélice au point 5′ et rencontrera la ligne de séparation 1″-2″-3″ au point 5″, de sorte que le second de ces deux points sera l'ombre du premier.

Vis à filet triangulaire.

211. Les principes que nous venons de développer ont été appliqués (*fig*. 136 et 137, *PL*. 22) pour construire les projections et les ombres d'une vis à filet triangulaire.

Projections. Les hélices étant construites par le moyen indiqué au numéro 192, il ne restera plus qu'à construire la courbe de limite de la projection verticale.

Les vis que l'on dessine dans les applications ne sont presque jamais d'une dimension assez grande pour qu'il soit nécessaire d'avoir égard à la courbure de cette ligne; malgré cela j'en ai construit la projection horizontale *psy*, *qsg* (*fig*. 137).

Lignes de séparation.

212. Ces courbes ont été obtenues sur les surfaces supérieures et inférieures du filet en opérant comme nous l'avons dit aux numéros 197, 200, avec cette seule différence qu'au lieu de rapporter toutes les projections à un même plan horizontal, on a construit dans le plan A, la base du cône auxiliaire qui a son sommet en s et qui a servi à obtenir la ligne de séparation sur les surfaces inférieures du filet, tandis que le plan A′ contient la base d'un second cône auxiliaire qui a son sommet en s', et qui a servi pour construire les lignes de séparation sur les surfaces supérieures des filets.

Il résulte de cette disposition d'épure que la hauteur du point s' au-dessus du plan horizontal A′ étant la même que la distance du point s au-dessous du plan A, les deux cônes auxiliaires ont la même projection horizontale.

Le point a' (*fig.* 137) est l'intersection du plan A par le rayon qui passe par le sommet s du premier cône auxiliaire, et le point a'' est l'intersection du plan A′ par le rayon qui passe par le sommet s' du second cône auxiliaire.

La même disposition a été adoptée pour obtenir les points de contact sur d'autres hélices.

Cette partie des opérations n'a pas été conservée, parce que nous en avions donné les détails dans l'épure précédente.

Ombre portée.

213. Si nous concevons (*fig.* 137) un plan BB′ vertical et parallèle aux rayons lumineux, ce plan coupera les surfaces du filet suivant les deux courbes $b3r$, $k3'h$.

Le rayon (*fig.* 136) qui touchera la première de ces deux courbes au point 3 coupera l'autre en 3′, de sorte que ce dernier point sera l'ombre portée par le premier.

On remarquera que le point de tangence 3 fait partie de la ligne de séparation 1″-2″, ce qui est une conséquence de ce que nous avons dit au numéro 8, en parlant des plans coupants, aussi pourrait-on employer ce moyen pour obtenir tous les points de la courbe de séparation, mais cela serait moins exact que la méthode du numéro 199, qui ne dépend que du point de tangence sur une circonférence.

214. On peut aussi construire l'ombre portée en opérant comme au numéro 209, surtout si l'on veut avoir un point d'ombre sur une ligne donnée.

Proposons-nous, par exemple, de déterminer le point 5′ suivant lequel la ligne de séparation sur la surface supérieure du filet est rencontrée par la courbe 2′4′5′, provenant de l'ombre portée par la ligne de séparation de la surface inférieure.

On prendra un plan horizontal auxiliaire zx (*fig.* 136), et l'on construira (*fig.* 137) les deux courbes 1‴-2‴, 1ᴵⱽ-2ᴵⱽ suivant lesquelles ce plan coupe les cylindres formés par les rayons lumineux qui s'appuient sur les lignes 1″-2″. Le rayon passant par le point 5 sera l'intersection des deux cylindres, et s'appuiera par conséquent sur les deux courbes 1″-2″ qui leur servent de directrices, de sorte que le point 5′, où il rencontre la seconde, sera l'ombre portée par le point où il touche la première.

On déterminera de la même manière le point d'ombre portée sur la génératrice vu ou sur toute autre ligne de la surface.

On peut opérer de la même manière pour construire les ombres portées par la tête de la vis.

Vis à filet carré.

215. Comme application des vis à filet carré, nous prendrons (*fig.* 138 et 139, *PL.* 23) les deux projections d'une petite machine à timbrer.

Les différentes pièces dont se compose cet instrument sont :

A plate forme.

P support auquel est attaché solidement l'écrou E dont la coupe est projetée (*fig.* 140).

v vis dont la tête est un octogone régulier.

B balancier terminé par deux masses sphériques.

m, *m* plaques liées entre elles par les deux cylindres verticaux *u*, *u*.

La plaque inférieure porte le cachet.

Les deux cylindres verticaux *u*, *u* ont pour but de maintenir le cachet dans une position parfaitement horizontale.

Par suite de la rotation du balancier, ils obéissent au mouvement vertical de la vis en glissant dans les deux cylindres creux qui sont à droite et à gauche de l'écrou.

La construction des hélices et la détermination des ombres se déduiront facilement des principes précédents.

La figure 142 offre un exemple d'hélices coniques.

CHAPITRE III.

Surfaces enveloppes.

216. Si on conçoit (*Géom. descriptive*) qu'une surface donnée, constante de forme, ou variable suivant certaines conditions, soit en mouvement dans l'espace, le lieu qui contient les intersections de toutes les positions successives de cette surface mobile se nomme *surface enveloppe*.

La surface qui se meut dans l'espace se nomme *l'enveloppée*, et l'intersection de deux enveloppées consécutives se nomme la *caractéristique* de la surface.

217. Le grand nombre de formes différentes qui peuvent être comprises dans la définition qui précède ne permet pas d'établir un principe général qui puisse toujours être appliqué avec avantage. Il sera plus simple d'employer dans chaque cas une méthode particulière déterminée par la nature de la caractéristique, ou par les propriétés de la surface mobile génératrice.

218. Prenons pour exemple la surface qui serait engendrée par le mouvement d'une sphère dont le centre serait assujetti à se mouvoir suivant une hélice donnée.

Deux positions consécutives de la sphère mobile se coupent (*fig.* 148) suivant un cercle dont le plan est perpendiculaire à l'hélice parcourue par le centre; et par suite du mouvement continu de la sphère, la distance des centres étant infiniment petite, l'intersection pourra toujours être considérée comme un grand cercle, qui sera la caractéristique de la surface proposée.

Aussi pourrait-on concevoir cette même surface, comme engendrée par le mouvement d'un cercle dont le centre parcourrait une hélice, et dont le plan serait toujours perpendiculaire à la directrice de cette courbe.

Projection.

219. La projection horizontale (*fig.* 150) se composera des deux cercles concentriques engendrés par les extrémités du diamètre horizontal de la caractéristique.

On construira ensuite (*fig.* 149) la projection verticale de l'hélice as, les positions successives de la sphère mobile seront représentées par une suite de cercles d'un rayon égal à celui de cette sphère, et dont les centres seront sur l'hélice as qui sert de directrice.

Enfin, la courbe tangente à tous ces cercles sera le contour de la projection verticale de la surface.

220. On remarquera deux points de rebroussement analogues à ceux que nous avons trouvés aux numéros 116 et 150. Cette partie de la courbe est représentée (*fig.* 151) sur une plus grande échelle.

221. Si on veut obtenir les points de tangence sur le contour de la projection verticale, on pourra opérer de la manière suivante :

1° On construira (*fig.* 143, 144) les deux projections $a'o'$ de la tangente à l'hélice $oo'o''$;

2° On tracera la droite $n^{iv}n^{iv}$ perpendiculaire à $o'a'$, et l'on fera les deux distances $o'n^{iv}$ égales au rayon de la sphère mobile génératrice; les points n^{iv} appartiendront à la courbe cherchée.

On obtiendra de même les points n^{v} en faisant $n^{v}n^{v}$ perpendiculaire à la tangente $o'''a'''$.

On reconnaît, en effet (*fig*. 149), que la courbe formant le contour de la projection verticale de la surface est une ligne dont tous les points sont éloignés de la projection de l'hélice parcourue par le centre d'une quantité égale au rayon de la sphère génératrice. Il suffira donc de construire (*fig*. 143) perpendiculairement à la projection de l'hélice $oo'o''$ une suite de normales égales au rayon de la sphère mobile.

222. *Construction d'une caractéristique*. La droite ao (*fig*. 146) étant la tangente à l'hélice parcourue par le centre de la sphère mobile, le rayon oc, perpendiculaire sur ao, sera la projection verticale de la caractéristique du point o.

La verticale cc' déterminera (*fig*. 147) le point c', extrémité du petit axe de l'ellipse projetée sur le plan horizontal.

Cette ellipse étant reportée au point o'', on aura la projection verticale de la caractéristique correspondante en élevant la perpendiculaire $c''c'''$, et faisant $c'''u'$ égal à cu.

Enfin, le point v étant projeté en v', les droites $o'''c'''$, $o'''v'$ seront les demi diamètres conjugués de la courbe demandée.

223. *Construction d'une hélice*. Supposons qu'on veuille construire l'hélice qui passe par le point x (*fig*. 146); on projettera ce point en x' (*fig*. 147), et l'on décrira la circonférence $x'x''x'''$ sur laquelle on portera les parties $n'x''$, $n''x'''$ égales à nx'.

Enfin, on élèvera les perpendiculaires $x''x^{iv}$, $x'''x^{v}$, et l'on fera les hauteurs $x^{iv}m'$, $x^{v}m''$ égales à xm.

Ombres.

224. *Lignes de séparation*. Ces lignes sont au nombre de deux :

La première sur la partie extérieure de la surface.

La deuxième sur la partie qui est du côté de l'axe.

Si nous supposons que pour construire la courbe $oo'o''$ qui est la projection verticale de l'hélice parcourue par le centre de la sphère mobile, on ait partagé le pas oo^{IV} de cette hélice, et la circonférence de sa base en seize parties égales, nous pourrons toujours de préférence chercher les points de la ligne de séparation qui sont situés sur les sphères dont les centres correspondent aux points de division de ces deux courbes.

225. Supposons, par exemple, qu'il s'agit d'obtenir les points de la ligne de séparation qui appartiennent à la sphère dont le centre est situé en o'.

On fera descendre cette sphère jusqu'à ce que son centre soit arrivé au point o; dans ce mouvement, il aura parcouru *cinq seizièmes* de la portion de l'hélice qui correspond à une spire de la surface.

Or, si au point o on construit la tangente ao, la droite cc', perpendiculaire à cette tangente, sera la projection verticale de la caractéristique correspondante.

On remarquera que cette caractéristique et celles qui auraient leurs centres aux points $o''o^{IV}$, etc., sont les seules qui se projettent sur le plan vertical par des lignes droites, et c'est pour arriver à ce résultat que nous avons fait descendre jusqu'au point o le centre de la sphère sur laquelle nous voulons obtenir un point de la ligne de séparation.

Si nous faisons tourner dans le même sens la projection horizontale du rayon de lumière s'-l d'une quantité égale à *cinq* fois la *seizième* partie de quatre angles droits, la projection verticale de ce rayon deviendra s-l', et la droite qui aurait pour ses deux projections s'-l', s-l'' sera placée, quant à sa direction, par rapport à la sphère dont le centre est situé en o, comme le rayon s-l, s'-l était placé par rapport à la sphère qui avait pour centre le point o'.

Par cette disposition d'épure, la question est ramenée à construire le point cherché sur la sphère dont le centre est situé en o, puis à le faire revenir ensuite sur la sphère qui avait son centre en o'.

Mais il ne suffit pas, pour cela, de construire parallèlement au rayon s'-l', s-l'' un plan tangent à la sphère qui a pour centre le point o; il faut encore que ce plan soit tangent à la surface proposée, ce qui ne peut avoir lieu qu'autant que le point de tangence sera sur la caractéristique qui a pour projection verticale la droite cc'.

Or, il est évident que l'on aura satisfait à cette dernière condition en construisant parallèlement à s'-l', s-l', un plan tangent au cylindre circulaire qui touche la sphère suivant la caractéristique cc', et qui, par conséquent, a pour axe la droite ao tangente au point o à l'hélice parcourue par le centre de la sphère mobile.

Voici quel sera l'ordre des opérations :

Par un point x pris où l'on voudra sur la tangente ao, ou sur son prolongement, on construira la droite xz parallèle au rayon de lumière.

Cette droite percera en un point z le plan de la caractéristique cc', et la ligne oz sera l'intersection du plan de cette caractéristique par le plan qui contient la tangente ao, et qui est parallèle au rayon s-l'', s'-l'.

On fera tourner le plan cz autour de l'horizontale projetante du point o.

Par suite de ce mouvement, la caractéristique cc', rabattue sur le plan horizontal oz', sera projetée (*fig.* 144) par la circonférence $cmc'm$, et la droite oz deviendra oz''.

Enfin, le diamètre mm, perpendiculaire à oz'', déterminera sur la circonférence $cmc'm$ les deux points demandés m, m.

En effet, en faisant tourner le plan oz autour de l'horizontale du point o, le cylindre circulaire tangent à la sphère mobile est venu se placer dans une position verticale, et la droite oz'' représente alors la trace horizontale du plan qui contient l'axe du cylindre et la parallèle au rayon s-l'', s'-l', de sorte que les points m, m appartiennent en même temps à la caractéristique cc', au cylindre qui touche la sphère suivant cette caractéristique, et aux deux plans tangents à ce cylindre et parallèles au rayon de lumière s-l'', s'-l'.

Pour ramener les deux points m, m à la place qu'ils doivent occuper dans l'espace, on fera d'abord revenir le plan horizontal oz' dans la position oz (*fig.* 143).

Les points m décriront deux arcs de cercles mm', parallèles au plan vertical de projection ; ce qui donnera m', m' d'où on déduira leurs projections horizontales $m''m''$.

On fera ensuite remonter ces deux points sur la sphère qui a son centre en o.

Dans ce dernier mouvement, les projections horizontales décriront chacune un arc égal à *cinq* fois la *seizième* partie de la circonférence à laquelle il appartient, ce qui donnera les deux points m''', m'''.

Quant aux projections verticales, on les obtiendra en élevant les perpendiculaires m''', m^{IV}, et faisant (*fig.* 143) la distance des points m^{IV} à l'horizontale $o'h$ égale à la distance des points m' à l'horizontale du point o.

L'un des points m^{IV} appartient à la ligne de séparation extérieure.

Le second point fait partie de la ligne intérieure.

En recommençant les opérations précédentes on obtiendra autant de points que l'on voudra.

Toutes les caractéristiques de la surface devant être amenées successivement dans le plan oz, on fera bien, pour éviter la confusion, d'effacer les lignes qui auront servi à déterminer les points situés sur une caractéristique, avant de s'occuper des points qui sont situés sur la caractéristique suivante.

226. On peut appliquer le principe précédent à la recherche du contour de la projection verticale de la surface.

Il suffira pour cela, de remplacer le rayon de lumière s-l, s'-l par une droite s, s'-v perpendiculaire au plan vertical de projection.

Ainsi, pour obtenir un point sur la sphère dont le centre est situé en o', on fera remonter cette sphère jusqu'à ce que son centre soit parvenu en o''.

La droite $o''a''$ tangente à l'hélice sera l'axe du cylindre circulaire qui envelopperait la sphère en la touchant suivant la caractéristique $c''c'''$. Le centre o' de la sphère mobile ayant parcouru *trois seizièmes* de révolution pour monter jusqu'en o'', l'horizontale projetante s'-v devra pareillement parcourir dans le même sens les *trois seizièmes* de quatre angles droits, ce qui amènera sa nouvelle projection horizontale en s'-v', et la projection verticale en s-v'' sur la ligne de terre.

Si nous prenons alors le point a'' ou tout autre point sur la tangente $o''a'''$, et que nous construisions l'horizontale $a''u$ parallèle à s-v'', s'-v', la ligne $o''u$ sera l'intersection du plan de la caractéristique $c''c'''$ par le plan qui contient la tangente $a''o''$ et la parallèle à s-v'', s'-v'.

Rabattant le plan $o''u$ autour de l'horizontale projetante du point o'', la droite $o''u$ devient $o''u''$ (*fig.* 144), et le diamètre nn, perpendiculaire à $o''u''$, déterminera les deux points demandés n, n.

Ces points seront d'abord ramenés dans le plan $o''u$ en n', n', d'où on déduira leurs projections horizontales n'', n''; de là, on leur fera parcourir *trois seizièmes* de révolution pour les ramener sur la sphère qui a son centre en o', ce qui donnera $n'''n'''$.

Enfin, on obtiendra les projections verticales n^{iv}, n^{iv} en élevant les perpendiculaires par les points $n'''n'''$, et faisant la distance des points n^{iv} à l'horizontale $o'h$ égale à la distance des points n' à l'horizontale $o''u'$.

C'est principalement comme exercice sur l'application des plans tangents que j'ai indiqué ce moyen de déterminer le contour de la projection verticale, car les solutions indiquées aux numéros 219 et 221 sont plus simples et tout aussi exactes.

227. Si on voulait obtenir sur une hélice de la surface, un point de la courbe de séparation ou du contour de la projection verticale, on pourrait opérer de la manière suivante :

1° Par le point où l'hélice donnée percerait le plan de l'une des caractéristiques cc', $c''c''$, on construirait la tangente à cette courbe et la tangente à l'hélice ; ces deux droites détermineraient un plan tangent à la surface.

2° Le point où l'axe de la surface percerait ce plan tangent, serait le sommet d'un cône autour duquel on le ferait tourner jusqu'à ce qu'il contienne le rayon de lumière, si on cherche un point de la ligne de séparation, ou jusqu'à ce qu'il soit perpendiculaire au plan vertical, si on demande le contour de la projection.

3° Enfin on ferait remonter le plan tangent jusqu'à ce que le point de tangence soit venu se replacer sur l'hélice donnée.

Ombres portées.

228. Les courbes formant le contour des ombres portées pourront être construites par le principe des plans coupants.

Si on veut obtenir un point sur une hélice ou sur une caractéristique donnée, on pourra opérer comme aux numéros 209, 214.

229. Les points r'', t'', e'' provenant de l'intersection des traces de cylindres formés par les rayons de lumière qui s'appuient sur les lignes de séparation, détermineront les points r', t', e' suivant lesquels les différentes branches de ces courbes sont rencontrées par les ombres portées provenant des branches supérieures.

Ainsi le point r' est l'ombre portée sur la courbe extérieure r'-e' par le point r de la courbe intérieure.

Les points t', e' sont les ombres portées par les points t, e.

CHAPITRE IV.

Considérations générales.

230. En résumant ce qui fait le sujet des chapitres qui précèdent, nous rappellerons au lecteur que, dans le cas où les rayons lumineux proviennent du soleil, ceux de ces rayons qui s'appuient sur le corps forment une surface cylindrique ou prismatique dont l'intersection avec les surfaces extérieures détermine le contour de l'ombre portée; ce qui réduit à trois le nombre des opérations principales à effectuer, savoir :

1° *Construire la ligne de séparation;*

2° *Construire le cylindre ou le prisme qui aurait cette ligne pour directrice et qui serait parallèle aux rayons lumineux.*

3° *Construire toutes les lignes suivant lesquelles ce prisme ou ce cylindre rencontre les surfaces extérieures.*

Ligne de séparation.

231. Nous avons en général reconnu deux moyens de déterminer la ligne de séparation, savoir :

1° Par des plans coupants;

2° Par des plans tangents.

232. Il y a des cas où le premier de ces deux principes ne donne pas toute l'exactitude désirable, c'est surtout lorsque la section n'est pas de nature à être exprimée par une définition géométrique rigoureuse, et que la courbure est très-faible dans le voisinage du point cherché, parce qu'alors la courbe différant peu de sa tangente, il est presque impossible de déterminer le point de tangence avec précision. Il faut, dans ce cas, chercher de plusieurs manières les points sur la position desquels il y a de l'incertitude, soit en employant des plans de section dirigés dans un autre sens, soit en employant le principe des plans tangents.

233. Cette dernière méthode, quoique moins générale que la première, permet d'obtenir le point de tangence sur une ligne déterminée de la surface, et par conséquent de choisir celles de ces lignes dont la définition est la plus simple.

Dans ce genre de solution, la surface proposée étant presque toujours remplacée par une autre qui la touche suivant la ligne que l'on a choisie, la nature de cette seconde surface est souvent l'origine d'une nouvelle espèce d'abréviation ou d'une plus grande exactitude dans la construction du point de tangence.

Ombres portées.

234. Les contours de ces ombres ont presque toujours été obtenus au moyen des plans coupants.

Lorsque la section est rencontrée par le rayon lumineux suivant un angle trop aigu, il faut vérifier la construction en construisant une seconde section dans un autre sens.

235. J'appellerai aussi toute l'attention du lecteur sur les constructions des numéros 130, 131, 209, 214.

Cette solution a surtout l'avantage de déterminer les points de l'ombre portée sur une ligne déterminée de la surface. Elle consiste :

A considérer cette ligne et celle dont on cherche l'ombre comme les directrices des deux cylindres parallèles à la direction de la lumière. L'intersection de ces cylindres se réduit par conséquent au rayon lumineux qui s'appuie sur les deux courbes, de sorte que le point où il rencontre l'une d'elles, est l'ombre du point suivant lequel il touche l'autre.

236. On peut prendre à volonté le plan auxiliaire sur lequel on construit les traces des deux cylindres. Ainsi on peut se servir des plan de projection ou de tout autre plan qui leur serait parallèle.

On peut même prendre un plan incliné comme on voudra dans l'espace.

237. Je n'ai pas cru devoir donner un exemple de tous les cas qui peuvent se rencontrer dans la pratique, je me suis borné à ceux qui m'ont paru nécessaires au développement des idées.

Le lecteur fera bien de choisir lui-même d'autres données, afin d'étudier les différences produites dans les effets obtenus lorsqu'on change la forme ou les proportions de l'objet ; sa position dans l'espace ou la direction de la lumière

238. Je ne dois pas abandonner ce sujet sans réfuter d'avance une objection qui pourrait paraître sérieuse. Quelques personnes pourront penser que les opérations nécessaires pour obtenir avec exactitude certains effets d'ombre sont trop longues pour que l'on puisse les appliquer avec avantage dans la pratique, elles préféreront tracer les ombres à peu près, et comme on dit, *de sentiment*. Mais on n'a pas toujours sous les yeux l'original de l'objet que l'on dessine, et qui n'est souvent qu'en projet. D'ailleurs, quand même on admettrait l'existence de cet objet, il ne serait presque jamais éclairé d'une manière convenable à l'effet que l'on voudrait produire. Il est donc évident que l'on ne parviendra à construire à peu près exactement à vue d'œil, les lignes de séparation et le contour des ombres portées qu'en remarquant les analogies de forme et de position qui existent entre les objets que l'on dessine et ceux dont on aurait fait précédemment des études rigoureuses.

Ainsi, le dessinateur qui aura étudié avec soin les principes qui précèdent n'aura souvent besoin que d'obtenir deux ou trois points avec exactitude pour reconnaître de suite quels doivent être le contour et l'étendue des ombres sur toutes les parties de son dessin.

Ces observations ne s'appliquent pas seulement aux objets compris dans une définition rigoureuse.

Les élèves peintres eux-mêmes, s'ils consentaient à consacrer quelques mois aux études géométriques, acquerraient bien plus promptement l'exactitude du coup d'œil et le sentiment des contours ; l'habitude de comparer la grandeur réelle des objets avec leur grandeur apparente les mettrait en garde contre les effets et les illusions d'optique qui égarent si souvent l'imagination, et lorsqu'ils viendraient se placer devant un modèle, après avoir étudié les causes des variations apparentes de grandeur et de forme des lignes principales, ils en saisiraient plus promptement, à la première vue, toutes les différentes courbures et les nombreuses sinuosités.

Ainsi, par exemple, ils n'auraient pas copié deux ou trois têtes sans avoir reconnu sur les joues, le nez, le menton, les courbes plus ou moins modifiées qui forment les lignes de séparation sur l'ellipsoïde, le cône, la sphère; dans les plis d'une draperie, dans le contour des feuilles d'un ornement d'architecture ou de ciselure, ils retrouveraient des parties ayant de l'analogie avec les surfaces cylindriques, coniques ou sphériques. Des anneaux, des glands, des cordons, pourraient être comparés avec le torre, l'ellipsoïde ou les hélices.

Enfin, il n'est pas jusqu'aux masses d'ombres produites par les rochers, les montagnes ou les arbres qui ne puissent acquérir un plus grand caractère de vérité par l'examen raisonné des causes qui les produisent.

Il est bien entendu que dans tout ce travail du peintre il ne s'agit pas d'employer un seul instant le compas, et que l'usage de cet instrument n'est conseillé ici que pour l'étude des principes sans lesquels on ne peut pas espérer de *voir* avec exactitude les objets que l'on se propose de dessiner.

FIN DES OMBRES.

LIVRE III.

PERSPECTIVE AÉRIENNE.

CHAPITRE PREMIER.

Points brillants.

239. Dans les livres qui précèdent, nous avons vu comment on détermine sur la surface d'un corps la ligne de séparation entre la partie éclairée et celle qui est obscure. Nous allons maintenant rechercher les causes d'où résultent les différences d'intensité de la lumière et de l'ombre sur les surfaces.

Conformément au but que je me suis proposé dans cet ouvrage, je me bornerai à étudier les questions qui se rattachent plus particulièrement aux dessins des ingénieurs.

240. Lorsqu'un rayon de lumière *sm* (*fig.* 152, *PL.* 25) rencontre une surface plane et parfaitement unie, il est renvoyé par cette surface, dans une direction *mv*, telle que *mn* étant la normale à la surface, on doit toujours avoir l'angle *smn* égal à l'angle *nmv*, ou, ce qui est la même chose, l'angle *smp* égal à l'angle *vmq*.

241. L'angle *smp* est ce que l'on nomme *l'angle d'incidence*, et l'angle *vmq* est *l'angle de réflexion*.

242. Ces deux angles sont toujours situés dans un même plan

perpendicnlaire au plan $p'q'$ et contenant par conséquent la normale mn.

C'est dans les traités de physique qu'il faut chercher l'explication du principe précédent; nous nous bornerons ici à en étudier les effets.

243. Supposons (*fig.* 153) une surface plane $p'q'$ parfaitement polie, comme, par exemple, une glace ou une planche de métal.

Supposons de plus qu'il y ait en s un point lumineux, et que notre œil soit au point v. Il est évident que les rayons sm', sm'' renvoyés dans les directions $m'v'$, $m''v''$ ne rencontreront pas notre œil, et ne pourront, par conséquent, produire pour nous aucune sensation, tandis que le rayon mv provenant de la réflexion du rayon sm, produira pour nous le même effet que si le point lumineux était situé en m; d'où il résulte que, vue du point v, la surface du plan paraîtra obscure, à l'exception du point m que l'on nomme *le point brillant*.

244. Voyons actuellement comment on pourrait parvenir à construire les points brillants sur une surface quelconque.

Soit, par exemple (*fig.* 154), une surface AB sur laquelle on veut obtenir le point brillant m, en admettant que s soit le point lumineux et que l'œil soit situé en v.

Concevons une infinité d'ellipsoïdes de révolution qui aient tous pour foyers les points s et v; il y aura nécessairement un de ces ellipsoïdes qui touchera la surface donnée, et le point de tangence m sera le point brillant demandé.

En effet, si l'on conçoit le plan tangent pq et la normale mn, on aura l'angle $smn = nmv$, et par conséquent l'angle d'incidence smp égale l'angle de réflexion vmq, on peut donc résumer ainsi le principe général;

1° *On construira un ellipsoïde de révolution qui aurait pour foyers l'œil et le point lumineux et qui serait tangent à la surface donnée.*

2° *Le point de tangence déterminé avec exactitude sera le point brillant demandé.*

245. Il peut, dans certains cas, y avoir plusieurs solutions; ainsi, sur une surface qui aurait des parties convexes et concaves, il pourra y avoir dans la partie concave un autre point brillant m', qui serait déterminé par un second ellipsoïde tangent, ayant les mêmes foyers que le premier

En général, il y aura autant de points brillants que l'on pourra concevoir d'ellipsoïdes tangents à la surface.

246. Pareillement, tous les points suivant lesquels l'un de ces ellipsoïdes serait touché par une surface quelconque seraient des points brillants de cette surface, et l'on conçoit que si l'un de ces ellipsoïdes qui ont pour foyers l'œil et le point lumineux était solide, bien poli, et vu intérieurement du point v, tous ses points seraient brillants, puisque pour un quelconque m'' de ces points, on aurait toujours l'angle $sm''n'' = n''m''v$, ou l'angle d'incidence $sm''p'' = vm''q''$, en admettant que $p''q''$ soit le plan tangent en m''.

Cette propriété, ainsi que l'emploi de cette surface dans la solution du problème général, nous engageront à la nommer *ellipsoïde brillant auxiliaire.*

247. Si l'un des deux points, le point v par exemple, reculait dans la direction mv (*fig.* 155), cela changerait les dimensions de l'ellipsoïde auxiliaire et la direction de son grand axe, qui deviendrait successivement sv', sv''; mais le point brillant m serait toujours le même. Enfin, si le point v reculait jusqu'à l'infini dans la direction mv'', l'ellipsoïde se transformerait en un paraboloïde de révolution umz, qui aurait pour axe la droite sv''' parallèle à mv''.

C'est le cas où, la lumière provenant du soleil, l'œil serait à une distance finie sm de l'objet proposé.

248. Enfin, si nous reprenons (*fig.* 156) le paraboloïde de

révolution auquel nous sommes parvenu (*fig.* 155), et si nous supposons que le point *v*, restant à l'infini dans la direction *mv*, le point *s* recule à son tour en suivant le rayon *ms*, le paramètre du paraboloïde augmentera, et par conséquent la courbure de la surface diminuera jusqu'à ce que le point *s* soit arrivé à l'infini; alors le paraboloïde se confondra avec le plan tangent *pq*, qui, pour ce cas, remplace l'ellipsoïde brillant auxiliaire du principe général.

Dans cette dernière hypothèse, tous les points du plan *pq* et de tout plan $p''q''$ parallèle à *pq* seront brillants; en effet, les points *s* et *v* étant reculés jusqu'à l'infini, tous les rayons incidents *sm*, $s'm'$, $s''m''$ seront parallèles entre eux, tous les rayons visuels *mv*, $m'v'$, $m''v''$ seront pareillement parallèles, et par conséquent toutes les bissectrices *mn*, $m'b'$, $m''b''$ seront parallèles.

Quant à la surface proposée, il est évident que si on la suppose vue du point *v*, situé à l'infini dans la direction *mv*, elle n'aura de points brillants que ceux pour lesquels la direction de la normale *mn* sera parallèle à la direction des bissectrices $m'b'$, $m''b''$, parce qu'alors le rayon réfléchi se confondra avec le rayon visuel, ce qui n'a pas lieu pour les autres points de la surface.

249. De ce que nous venons de dire, il résultera que, pour le cas où le point lumineux et l'œil seraient tous deux à l'infini, il faudra en général opérer de la manière suivante :

1° *On choisira dans l'espace* (*fig.* 157) *un point quelconque* m, *par lequel on construira un rayon de lumière* sm *et un rayon visuel* mv.

2° *On partagera en deux parties égales l'angle* smv *par la droite* mb *qui sera la direction des bissectrices.*

3° *On construira tous les plans tangents à la surface perpendiculairement à la direction* mb.

4° *Tous les points de tangence déterminés avec exactitude seront des points brillants de la surface proposée.*

250. Nous donnerons le nom de *plan brillant auxiliaire* à

tout plan *pq*, *p'q'* perpendiculaire à la direction des bissectrices.

Quoique le principe qui vient d'être énoncé ne soit qu'un cas particulier de celui du numéro 244, il possède cependant un caractère de généralité suffisant pour les applications qui doivent faire le sujet de cet ouvrage, puisque, dans les dessins de l'ingénieur, on suppose toujours que la lumière vient du soleil, et que l'œil est à une distance infinie du plan de projection.

Nous allons appliquer les principes précédents à quelques exemples.

Construction des points brillants.

251. *Cylindre.* Dans l'hypothèse d'un point de vue et d'un point lumineux situés tous les deux à une distance infinie de l'objet, il n'y a presque jamais de points brillants sur un cylindre.

En effet, le plan brillant auxiliaire ne pourra être tangent au cylindre que dans le cas où la direction des bissectrices ferait elle-même un angle droit avec celle du cylindre.

Dans ce cas, tous les points de la génératrice suivant laquelle le cylindre serait touché par le plan brillant auxiliaire seraient eux-mêmes brillants, et formeraient ce que nous nommerons une *ligne brillante.*

Supposons donc que l'on ait (*fig.* 158 et 159, *PL.* 26) les deux projections d'un cylindre, et (*fig.* 160 et 161) les deux projections *sm* d'un rayon lumineux, il s'agit de reconnaître s'il existe une ligne brillante sur la projection verticale du cylindre; voici quel sera l'ordre des opérations :

Le point de vue pour la projection 158 étant à une distance infinie du plan vertical de projection, le rayon visuel sera projeté (*fig.* 161) par la droite *mv* et (*fig.* 160) par le point *m*.

Le plan qui contient les deux rayons *sm*, *vm* étant rabattu autour de *mv* l'angle *smv* deviendra *s'mv;* on construira la bissectrice *mb* qui, étant ramenée à sa place, aura pour ses deux projections *mb'*, *ms*.

Il n'y aura plus qu'à reconnaître si, parmi tous les plans tangents au cylindre, il y en a un perpendiculaire à cette droite.

Dans cette hypothèse, la trace horizontale *pq* doit être perpendiculaire à la projection horizontale *mb'*.

De plus, la droite *m'n'* parallèle à la trace verticale du plan tangent *pq* doit faire un angle droit avec la projection verticale *ms* ou *m'b''* de la bissectrice.

Si ces conditions ont lieu, la génératrice *m'm''* sera la ligne brillante de la projection 158.

Lorsque l'angle *n'm'b''* sera plus petit ou plus grand qu'un angle droit, il n'y aura pas de point ni de ligne brillante sur la projection verticale du cylindre.

252. *Cône*. Pour qu'il y ait une ligne brillante sur le cône il ne suffit pas que l'une de ses génératrices soit perpendiculaire à la bissectrice, il faut encore que le plan tangent conduit suivant cette génératrice, soit parallèle au plan brillant auxiliaire.

Or, ces deux conditions ne pourraient se trouver réunies que par le plus grand des hasards; aussi peut-on dire en général qu'il n'y a pas de points brillants sur un cône.

Il ne faut pas oublier que nous parlons toujours dans l'hypothèse d'un point de vue et d'un point lumineux situés à l'infini.

Sur la figure 162, la génératrice *m'm''* est une ligne brillante parce que le plan tangent suivant cette ligne est perpendiculaire à la bissectrice.

En effet, sa trace horizontale *pq* est perpendiculaire à *mb'* (*fig*. 161), et la droite *m'n'*, parallèle à la trace verticale, fait un angle droit avec *m'b''* parallèle à *ms*.

253. *Sphère*. Les deux cercles 166 et 167 étant les deux projections d'une sphère, et les droites *os* étant les projections d'un rayon de lumière, on veut construire le point brillant sur la projection verticale 166.

On rabattra (*fig*. 167) l'angle *sov* sur le plan horizontal qui contient le centre de la sphère, ce qui donnera *s'ov*; on construira la bissectrice *ob*, et le point *m* où cette ligne perce la sphère étant ramené en *m'* et de là en *m''* sera le point cherché.

En effet, il est évident que le plan tangent en *m''* sera perpendiculaire à la bissectrice, et que par conséquent le point *m'* sera brillant.

254. *Surface de révolution.* Pour construire le point brillant sur la projection verticale de l'ellipsoïde (*fig.* 164), nous avons supposé la même direction de la lumière que dans l'exemple précédent.

La bissectrice ayant été transportée en *os*, *ob'*, il ne restait plus qu'à construire un plan tangent perpendiculaire à cette droite.

Pour y parvenir, on a fait tourner le méridien *ob'* jusqu'à ce qu'il soit arrivé en *ob''*; par suite de ce mouvement, la bissectrice est venue se placer en *ob'''*, et la tangente *pq* perpendiculaire à *ob'''* est la trace du plan brillant auxiliaire.

Le point de tangence *m* projeté en *m'* a été ramené en *m''*, d'où on a déduit *m'''* pour le point brillant demandé.

255. Dans la figure 169, on s'est proposé de construire les points brillants sur la projection horizontale d'un torre.

Les droites *so* étant les deux projections d'un rayon de lumière, et le rayon visuel étant la verticale *ov*.

On a fait tourner le plan méridien *vos* jusqu'en *vos'*, et l'on a construit la bissectrice *ob*.

Les deux rayons *cm* parallèles à cette bissectrice ont déterminé les points *m* suivant lesquels la surface du torre est touchée par les plans brillants auxiliaires; ces points projetés en *m'* et ramenés de là dans le méridien *sm''* ont donné les deux points brillants *m''*.

256. Les mêmes moyens ont été employés (*fig.* 170, *PL.* 27) pour construire tous les points brillants du piédouche.

L'angle *sov* étant rabattu (*fig.* 172) autour du rayon *ov*, on a construit la bissectrice *ob* qui, ramenée à sa place, a pour projection les deux droites *os*, *ob'*.

La bissectrice *os*, *ob'* ayant été transportée (*fig.* 168 et 169), on l'a rabattue sur le plan vertical de projection en la faisant tourner autour de la verticale projetante du point *o*, ce qui a donné *ob''*.

Enfin toutes les tangentes *pq* menées (*fig.* 170) perpendiculairement à la bissectrice *ob''* sont les traces de tous les plans brillants tangents au piédouche.

Ces plans sont au nombre de cinq et déterminent autant de points brillants *m*.

Savoir :

Un sur le quart de rond.

Un sur la scotie.

Un sur le torre.

Deux sur les arêtes supérieures des filets.

257. L'existence de ces derniers points résulte de ce que, dans les applications, les intersections des surfaces ne sont jamais des lignes rigoureusement mathématiques.

Ainsi, par exemple, l'intersection de deux faces planes d'un corps est presque toujours un peu arrondie, et forme par conséquent une petite surface cylindrique tangente aux plans qui forment ces faces.

Par la même raison, les arêtes supérieures des filets du piédouche peuvent être considérées comme des portions de surfaces annulaires engendrées par des cercles d'un rayon infiniment petit

En regardant les arêtes d'un corps poli, le lecteur sera convaincu de la nécessité de tenir compte de ces effets dans les applications.

258. *Surfaces réglées.* Supposons que l'on ait (*fig.* 177 et 178) une portion de surface réglée, projetée sur un plan parallèle au rayon de lumière *so*, on veut obtenir le point brillant sur la projection horizontale 178.

Dans ce cas le rayon visuel sera la verticale *ov*, et la bissectrice sera *ob*.

La droite *pq*, perpendiculaire sur la bissectrice *ob*, sera la trace verticale du plan brillant auxiliaire.

Ce plan étant perpendiculaire au plan vertical de projection, il sera facile de construire la courbe *zx*, suivant laquelle il coupe les autres génératrices de la surface.

Le point de tangence *m'* sera le point brillant demandé.

Si la surface n'était pas projetée sur un plan parallèle au rayon lumineux, on ferait une projection auxiliaire.

259. Par suite de l'obliquité de l'intersection des génératrices par le plan tangent, on peut être forcé de chercher d'autres moyens de déterminer le point de tangence.

Supposons, par exemple, qu'il s'agisse d'obtenir le point brillant sur la surface supérieure du filet d'une vis triangulaire projetée (*fig.* 175 et 176).

La direction de la lumière étant donnée par ses deux projections *os* (*fig.* 173 et 174), on rabattra l'angle *sov* en *s'ov*, puis on construira la bissectrice *ob* qui, ramenée à sa place, sera projetée par les deux droites *os*, *ob'*.

Cela étant fait, on remarquera que le plan brillant auxiliaire doit satisfaire aux conditions suivantes :

1° Il doit être tangent à la surface réglée proposée;

2° Il doit être perpendiculaire à la bissectrice, et par conséquent il doit faire avec le plan horizontal un angle *b''or*, complément de *b''oh* qui exprime l'inclinaison de la bissectrice.

Or, si par le point *c* nous construisons la droite *cx* perpendiculaire sur la bissectrice *b''o*, l'angle *cxc* sera égal à *b''or*, et tout plan tangent au cône circulaire engendré par *cx*, fera avec le plan horizontal un angle *b''or*.

Ainsi, en construisant la droite *pq* tangente à la circonférence *xn'n*, le plan *cpq* jouira de la double propriété d'être tangent à la surface, puisqu'il contient la génératrice *cp*, et d'être convenablement incliné sur le plan horizontal, puisqu'il est tangent au cône engendré par la droite *cx*.

Si nous faisons actuellement tourner le plan *cpq* jusqu'à ce que sa trace horizontale soit devenue *p'q'* perpendiculaire sur *ob'* (*fig.* 174), il deviendra brillant, car, dans cette nouvelle position, il sera perpendiculaire à la bissectrice, mais il aura cessé d'être tangent, puisque la droite *cp* aura quitté la surface pour venir prendre la position *cp'*.

Or, si on fait remonter le plan *cp'q'* parallèlement à lui-même, il sera de nouveau tangent à la surface lorsque la droite *c'c'* (*fig.* 175) sera venue se placer en *c''c''*.

260. Cette solution, absolument semblable à celle que nous avons employée au numéro 199, détermine, il est vrai, le plan tangent, mais elle ne fait pas reconnaître la position du point de tangence; ce qui, cependant, est l'objet principal de nos recherches.

C'est ici le cas où le principe du numéro 167 serait en défaut, par suite de l'obliquité suivant laquelle le plan tangent couperait toute espèce de ligne tracée sur la surface.

Nous allons tâcher d'arriver au point de tangence par d'autres considérations.

Si on conçoit un plan tangent par chacun des points où la génératrice *cp* coupe les hélices de la surface, les angles que ces plans feront avec le plan horizontal augmenteront à mesure que le point de tangence sera plus près de l'axe. Ainsi l'inclinaison du plan tangent dépendant de la position du point de tangence, réciproquement la position de ce point dépendra de l'inclinaison du plan tangent, et, puisque cette inclinaison est connue, on doit pouvoir en déduire la position du point cherché.

Or, si par les différents points de la génératrie *cp* on construit des tangentes aux hélices correspondantes (193), les points où ces tangentes perceront le plan horizontal seront situés sur une parabole *cup*, qu'il sera facile de construire, et le point *q*, suivant lequel cette courbe est rencontrée par la trace du plan tangent *cpq*, sera l'intersection du plan horizontal par la tangente à l'hélice qui passe par le point cherché *m*, qui, par conséquent, sera déterminé.

Il ne restera plus qu'à faire revenir ce point dans le plan brillant, en lui faisant parcourir d'abord un arc horizontal *mm'*, puis ensuite la verticale $m'm''$, jusqu'à ce qu'il soit arrivé sur la droite $c''c''$ ou sur l'hélice kl, qui se déduira facilement de sa projection horizontale.

Il semble qu'il y ait ici un point brillant sur la surface supérieure de chaque filet, mais le plus élevé est le seul qui existera, la place déterminée pour les autres points étant comprise dans l'ombre portée par les filets supérieurs.

La direction de la lumière a été choisie dans cet exemple de manière que le point brillant soit compris dans les limites de la surface réelle du filet.

Mais cela n'aura presque jamais lieu, parce que les plans tangents, dans cette partie de la surface, ayant presque tous la même inclinaison, il arrivera très-rarement que l'un de ces plans soit perpendiculaire à la bissectrice.

On peut, au surplus, reconnaître *à priori* quelle sera la position du point brillant.

Ainsi, par exemple, quand le point q sera sur l'arc pz, le point brillant appartiendra à la portion de surface prolongée au-dessous de l'hélice qui forme l'arête inférieure du filet.

Quand le point q est sur l'arc zu, le point brillant appartient à la surface réelle du filet.

Enfin, si le point q était sur l'arc uc, le point brillant appartiendrait au prolongement de la surface au-dessus de l'hélice qui forme l'arête rentrante provenant de l'intersection des surfaces des filets.

Il n'y aura pas de point brillant lorsque la génératrice cp fera avec le plan horizontal un angle plus grand que cxc égal à $b''or$.

CHAPITRE II.

Teintes.

261. Si les surfaces étaient complétement polies, comme nous l'avons supposé dans le chapitre précédent, la théorie des ombres deviendrait inutile, et tout se réduirait à la construction des points ou des lignes brillantes.

Le lecteur a dû reconnaître, en effet, que toute surface, ou partie de surface, qui n'est pas perpendiculaire à la direction des bissectrices, est par cela même incapable de renvoyer dans l'œil aucun rayon lumineux, et que, par conséquent, ces parties, quoique éclairées, doivent paraître aussi obscures que celles qui sont dans l'ombre.

On peut se convaincre de cette vérité en regardant un objet d'acier bien poli ou une glace qui, à l'exception des points brillants, paraîtraient entièrement noirs s'ils ne reflétaient les images des objets éclairés qui les environnent.

Cette lumière, renvoyée par les parties éclairées des surfaces qui ne sont pas polies, est due à une cause que nous allons expliquer.

262. La surface des corps est en général composée d'une infinité de petites molécules placées à côté les unes des autres.

On peut admettre que la surface de ces molécules est formée d'une infinité de petites facettes inclinées dans toutes les directions (*fig.* 183).

Or, par suite de cette diversité d'inclinaison, il doit nécessairement y avoir sur chaque molécule quelques facettes perpendiculaires à la direction des bissectrices, de sorte que les rayons umineux reçus par ces facettes étant renvoyés dans l'œil, tous les points de la surface qui reçoivent la lumière paraîtront éclairés ; ce qui n'a pas lieu lorsque la surface est polie.

Dans l'hypothèse que nous venons d'examiner, chaque point de la surface ayant quelques facettes brillantes, quelle que soit la direction du rayon visuel, on peut dire que tous les points sont brillants, ou plutôt qu'ils sont éclairés, en réservant l'expression de points brillants pour les facettes qui sont disposées de manière à renvoyer dans l'œil un faisceau de rayons lumineux capable d'y produire une forte sensation.

263. C'est précisément ce qui a lieu lorsque la surface est en partie polie.

En effet, le polissage résultant du frottement qui détruit la partie la plus saillante des molécules produit sur chacune d'elles (*fig.* 184) une facette principale dirigée dans le sens général de la surface, et diminue par conséquent les intervalles concaves qui séparent les molécules les unes des autres. Or, ce sont précisément les petites facettes situées sur les côtés des molécules et dans les concavités comprises entre les facettes principales qui, par suite de leur inclinaison en tous sens, envoient des rayons dans toutes les directions, et font, par conséquent, paraître éclairés tous les points de la surface du corps.

Mais on conçoit en même temps que, par suite du peu d'étendue de ces facettes secondaires, le nombre de rayons renvoyés par chacune d'elles sera toujours très-petit en comparaison de ceux renvoyés par les facettes résultant du polissage, qui, lorsqu'elles sont perpendiculaires à la bissectrice, forment les parties brillantes de la surface.

264. Il résulte de ce que nous venons de dire que lorsqu'une surface n'a pas été polie elle ne contient pas de points brillants. Mais il y a toujours sur cette surface des parties qui paraissent plus éclairées que les autres, et la détermination exacte de la place et de l'étendue de ces parties est une des questions qui se rattachent le plus directement à la science du dessin.

265. Pour arriver à la solution de cette question, je rappellerai d'abord que la condition essentielle pour qu'un point paraisse brillant, c'est que l'œil soit dans la direction du rayon réfléchi; d'où il résulte que plus le rayon visuel s'approchera de cette direction, plus le point paraîtra éclairé, et les facettes de la surface seront d'autant plus près d'être brillantes que les rayons renvoyés par elles s'approcheront davantage du rayon visuel.

266. On a dit que les facettes qui approchent le plus d'être perpendiculaires à la direction des bissectrices devraient, après les parties brillantes ou à leur défaut, paraître les plus éclairées, et que l'obscurité d'un point devrait augmenter avec l'angle que la normale en ce point fait avec la direction des bissectrices.

Il n'en est pas ainsi. Pour le démontrer, soit (*fig*.179, *PL*.28) le plan *pq* tangent au point *m*, la normale étant *mn*, le rayon incident *sm*, et le rayon réfléchi *mr*.

Supposons de plus que *mv* soit le rayon visuel, *mb* la bissectrice, et *p'q'* le plan brillant auxiliaire.

Enfin, admettons que le plan tangent *pq* et le plan brillant *p'q'* se coupent suivant une ligne *am* perpendiculaire au plan des deux rayons *sm*, *mv*; il en résultera que les cinq droites *ms*, *mn*, *mb*, *mr*, *mv*, c'est-à-dire *le rayon incident*, *la normale*, *la bissectrice*, *le rayon réfléchi* et *le rayon visuel* seront dans un même plan *smv*, et que de plus l'angle *rmv*, que le rayon visuel *mv* fait avec le rayon réfléchi *mr*, sera double de l'angle *nmb*, que la bissectrice fait avec la normale.

Ainsi, dans cette hypothèse, l'angle que le rayon réfléchi fait avec le rayon visuel sera proportionnel à l'angle que la normale fait avec la bissectrice.

Mais cela n'aura pas toujours lieu. En effet, supposons (*fig*. 182) le cas où les deux plans *smr* et *smv* ne coïncideraient pas; ils se couperont toujours suivant le rayon incident *sm*. Mais il peut arriver, surtout dans le cas où les deux angles *smn* et *smb* différeraient peu d'un angle droit, que les angles *smr* et *smv* soient presque égaux à deux angles droits, et alors il est évident que l'angle *rmv*, que le rayon réfléchi fait avec le rayon visuel, serait plus petit que l'angle *nmb* formé par la normale et la bissectrice.

Ces deux exemples suffisent pour faire comprendre que la quantité de lumière renvoyée dans l'œil ne dépend pas de l'angle formé par la normale avec la bissectrice, mais plutôt l'angle formé par le rayon visuel et le rayon réfléchi.

On conçoit, en effet, que, pour certaines inclinaisons, le rayon réfléchi pourrait être plus rapproché du rayon visuel, quoique cependant l'angle de la normale avec la bissectrice aurait augmenté.

267. Ainsi, quoique les parties les plus claires des surfaces soient en général dans le voisinage des points brillants, il n'en faut pas conclure que la lumière doive être distribuée autour de

ces points d'une manière symétrique, et l'on conçoit que, si entre plusieurs parties *également éclairées* d'une surface on veut connaître celles qui sont le plus favorablement placées pour envoyer de la lumière dans l'œil, il faudra chercher quels sont les points pour lesquels l'angle formé par le rayon visuel et le rayon réfléchi est le plus petit possible.

268. Nous allons voir d'abord comment on pourrait obtenir l'angle que le rayon visuel fait avec le rayon réfléchi pour un point quelconque d'une surface donnée.

Soit (*fig.* 180 et 181) le rayon de lumière sm, la normale mn et le rayon visuel mv, perpendiculaire au plan vertical de projection et par conséquent projeté sur ce plan par le point m.

On fera tourner le plan smn autour de sa trace horizontale zx; par suite de ce mouvement, l'angle smn que le rayon lumineux fait avec la normale, viendra se placer en $s'm'n'$.

On fera l'angle $n'm'r'=n'm's'$, et la droite $r'm'x$ sera le rayon réfléchi rabattu sur le plan horizontal. En ramenant le plan $z'm'x$ à sa place, le rayon $m'r'$ deviendra mr.

Si actuellement on fait tourner le plan des deux rayons mv, mr autour de l'horizontale mv, le point x décrira l'arc xx' parallèle au plan vertical, et l'angle cherché vmr rabattu sur le plan horizontal deviendra vmr''.

269. Dans quelques cas particuliers on peut simplifier les opérations précédentes.

Supposons, par exemple, que l'arc bc soit la directrice d'une portion de cylindre vertical et que le rayon lumineux soit la droite sm, $s'm'$.

La normale mn sera horizontale, et dans ce cas, les angles égaux que le rayon de lumière et le rayon réfléchi font avec la normale se projetteront sur le plan horizontal par des angles égaux, de sorte qu'en faisant $n'm'r'=n'm's'$, la droite $m'r'$ sera la projection horizontale du rayon réfléchi.

Pour obtenir la projection verticale du même rayon on construira :

1° La droite $s'r'$ perpendiculaire sur la normale $m'n'$;

2° Les deux verticales $s's$, $u'u$, ce qui déterminera la droite su;

3° La verticale $r'r$ donnera le point r, et par conséquent mr sera la projection verticale du rayon réfléchi.

Si on fait ensuite tourner l'angle $vm'r'$ autour du rayon visuel $m'v$, on obtiendra $vm'r''$ pour l'angle formé au point m par le rayon visuel et le rayon réfléchi.

270. Sur les figures 187 et 188 l'opération précédente a été faite pour les six points marqués n'.

Mais pour plus de symétrie dans l'épure, tous ces points ont été transportés, sur l'axe, ce qui ne change rien au résultat, puisque la valeur des angles obtenus ne dépend que de la direction du rayon lumineux, de la normale, du rayon visuel et du rayon réfléchi, et nullement du point où ces lignes se rencontrent.

Les lettres sont les mêmes que dans la figure précédente; ainsi sm, $s'm'$ est la direction commune à tous les rayons lumineux;

mn, $m'n'$ sont les directions des normales aux points n';

sr, $s'r'$ les perpendiculaires sur les normales;

mr, $m'r'$ les rayons réfléchis.

Enfin $v'm'r''$ sont les angles formés par les rayons réfléchis et le rayon visuel $m'v$.

Cet angle est un minimum pour les points de la génératrice a qui correspond au milieu de l'angle $s'm'v'$ formé par les projections horizontales du rayon lumineux $s'm'$ et du rayon visuel $m'v'$.

271. On peut obtenir de suite cette génératrice en partageant l'arc bc (*fig.* 191) en deux parties égales.

272. Nous venons de voir comment on déterminerait sur un cylindre les parties de la surface qui approchent le plus des conditions nécessaires pour être brillantes, et qui, par conséquent, sont les mieux placées pour renvoyer dans l'œil des rayons lumineux.

Mais dans la recherche précédente nous avons fait abstraction de deux éléments dont il est essentiel de tenir compte.

1° Nous avons supposé que toutes les parties de la surface cylindrique étaient également éclairées;

2° Nous avons négligé d'avoir égard aux ombres portées par les aspérités de la surface dans les parties concaves qui les séparent les unes des autres.

273. Or, en admettant, ce qui est permis, que les rayons lumineux qui proviennent du soleil sont à égale distance les uns des autres, on peut en conclure que la quantité de lumière reçue par une face plane est d'autant plus grande que la direction de la lumière approche davantage de la normale à cette face.

En effet, supposons que ab (*fig.* 190) soit le côté d'un carré éclairé par les rayons lumineux parallèles à sb. Si on fait tourner ce carré autour du côté projeté en a, le nombre des rayons reçus augmentera jusqu'à ce que le carré soit arrivé en ab''.

De plus le nombre des rayons reçus dans le sens parallèle au côté a étant toujours le même, l'intensité de la lumière dépendra de l'inclinaison des côtés ab, ab', ab''.

Ainsi le nombre des rayons reçus dans la position ab'' étant exprimé par 12, ab' en recevra 11, et ab en recevra 8.

On aura donc cette proportion :

La lumière reçue par ab est à la lumière reçue par ab'' comme $ac : ab'' :: ac : ab :: \sin abc : R$.

D'où, en représentant par 1 la lumière reçue par une surface perpendiculaire au rayon lumineux, par x celle reçue par une autre surface équivalente, et par α l'angle que cette surface fait avec la direction de la lumière, on a

$$x : 1 :: \sin\alpha : R,$$

d'où

$$x = \frac{\sin\alpha}{R} = \sin\alpha.$$

274. Ainsi, *la quantité de lumière reçue par une face plane est proportionnelle au sinus de l'angle que cette face fait avec le rayon lumineux.*

275. Il s'en faut de beaucoup que toute la lumière reçue par une molécule contribue à augmenter sa clarté apparente. En effet, l'œil ne reçoit que les rayons renvoyés par les facettes perpendiculaires à la direction des bissectrices.

Ainsi, la lumière reçue est à la lumière renvoyée comme la surface éclairée de la molécule est à la somme des surfaces des facettes de cette molécule qui sont perpendiculaires à la bissectrice.

276. De ce que nous avons dit précédemment il résulte que la partie du cylindre qui paraîtra la plus claire doit être entre les deux génératrices des points *m* et *a* (*fig.* 189); car il est évident que la portion de surface capable de produire pour l'œil le maximum d'effet lumineux doit être comprise entre l'élément *a*, qui reçoit le plus grand nombre de rayons (273), et l'élément *m* qui est placé dans les conditions les plus favorables pour renvoyer ces rayons dans l'œil (271).

277. Un effet qui me semble avoir plus d'importance qu'on ne lui en a donné jusqu'à présent, c'est la diminution de lumière produite par les ombres que les aspérités de la surface projettent dans les parties creuses qui les séparent les unes des autres.

Ainsi, l'obscurité produite par les ombres des molécules, augmentant graduellement et avec symétrie de chaque côté de la génératrice *a*, contribuera encore à rapprocher de cette droite la partie du cylindre qui paraîtra la plus claire.

La lumière et les ombres se distribueront sur la surface du cylindre, comme sur le tronçon de colonne cannelée projetée (*fig.* 189). On concevra facilement, en effet, que les rapports de grandeur entre les parties éclairées et obscures ne seront pas changés si on remplace par la pensée les dix-huit cannelures par cent qui seraient plus petites, et chacune de ces dernières par mille autres, jusqu'à ce que l'on arrive par la pensée à des dimensions aussi petites que les entre-deux des molécules qui composent la surface du corps; et l'on peut se faire une idée de l'effet produit dans cette dernière hypothèse en regardant la figure 189 d'une distance assez grande pour que les parties noires et blanches paraissent mêlées de manière à ne faire qu'une teinte continue et adoucie en allant du point *a* au point *m*.

On remarquera de plus que les ombres portées dans les cannelures à droite du point *a* seront vues, tandis que les parties ombrées à gauche de *a* seront cachées par les filets saillants formant les entre-deux des cannelures.

278. On peut encore rendre sensible la diminution de lumière produite par les ombres des molécules, en inclinant une feuille de papier bien tendue jusqu'à ce qu'elle soit presque parallèle à la direction de la lumière; alors on voit la surface s'obscurcir graduellement.

La même cause, abstraction faite de la composition chimique des molécules, contribue à diminuer la blancheur d'un papier dont le grain est très-fort et augmente au contraire celle dont le grain est fin. Dans ce dernier cas, les aspérités étant plus faibles, les ombres portées par chacune d'elles sont moins étendues, tandis qu'au contraire la finesse des grains augmente leur nombre, et par conséquent aussi le nombre des petites facettes dirigées de manière à renvoyer dans l'œil un rayon lumineux. Mais si on frotte le papier avec un instrument dur et uni, de manière à écraser ou aplatir toutes les aspérités, on détruit en même temps toutes les parties saillantes et creuses de la surface, qui alors devient plane et polie. Cette dernière opération fait disparaître, il est vrai, les ombres des molécules, mais en même temps elle détruit toutes les petites facettes qui renvoyaient de la lumière dans l'œil, ce qui affaiblit par conséquent la couleur éclatante du papier. C'est pour cette raison que les instruments destinés à produire cet effet ont reçu le nom de *brunissoirs*.

Cependant on conçoit que, si après l'opération qui vient d'être décrite, on place la portion de surface qui a été frottée dans une direction perpendiculaire à la bissectrice, cette partie de la surface deviendra brillante et renverra dans l'œil plus de lumière que les autres parties qui, n'ayant pas été brunies, n'envoient de la lumière que par les facettes latérales des molécules.

Ce que nous venons de dire peut s'appliquer à tous les corps susceptibles de recevoir le poli, et l'on conçoit que, si au lieu de laisser la surface dans l'état représenté *fig.* 184, on continue à user les aspérités jusqu'à *mnv*, la surface deviendra obscure, puisqu'on aura fait disparaître toutes les petites facettes qui, par suite de leur position perpendiculaire à la direction des bissectrices, remplissaient les conditions nécessaires pour renvoyer dans l'œil des rayons lumineux.

Il ne restera plus de brillant que les points ou les lignes suivant lesquelles la surface serait touchée par des plans perpendiculaires à la bissectrice.

Quoique nous ayons raisonné dans l'hypothèse d'un point de vue et d'un point lumineux situés à l'infini, les considérations générales que nous venons de développer s'appliqueraient également au cas où ces deux points seraient à des distances finies, ce qui ne changerait que la direction de la bissectrice.

279. Je n'ai pas cru devoir chercher à déterminer d'une manière rigoureuse les parties les plus claires de la surface des corps. On conçoit, par ce qui précède, combien les résultats peuvent varier suivant les circonstances particulières de la question; et, en admettant comme générales, des solutions qui ne peuvent résulter que de quelques hypothèses particulières, on se priverait de la plus grande partie des ressources qui composent l'art du dessin.

Si l'on veut obtenir un résultat satisfaisant, il faut rester le maître de faire varier entre les limites les plus larges la direction et l'intensité de la lumière; il faut pouvoir, lorsqu'on le juge à propos, remplacer la lumière directe provenant du soleil par la lumière diffuse envoyée dans toutes les directions par les molécules de l'atmosphère. Il doit être permis de supposer dans le voisinage des objets que l'on dessine d'autres corps dont la surface renvoie la lumière sur les parties ombrées qui, sans cela, paraîtraient trop obscures et ne se détacheraient pas assez des parties environnantes.

Il suffit que par l'étude raisonnée des causes qui produisent toutes ces variations de teintes, on s'habitue à ne jamais admettre que des suppositions possibles, afin que les points brillants et les parties éclairées ou obscures soient toujours déterminés d'une manière satisfaisante.

On conçoit, d'ailleurs, qu'aucun principe absolu ne peut être adopté sur cette matière; que les différentes intensités de lumière et d'ombres ne dépendront pas seulement de l'intensité ou de la direction de la lumière, de l'état plus ou moins poli de la surface représentée, mais encore de la nature physique des molécules qui composent cette surface.

Il est certain que la lumière ne produira pas les mêmes effets sur le marbre, la pierre, le bois ou les métaux, sur la soie, le velours ou les autres étoffes de toute espèce.

C'est donc par la comparaison raisonnée des effets de la lumière sur les corps eux-mêmes que l'on pourra devenir habile à représenter ces effets avec exactitude.

Celui qui aura fait les études précédentes concevra bien plus vite les modifications de la lumière sur les parties convexes et concaves du modèle qu'il aura sous les yeux; et, connaissant d'avance toutes les combinaisons possibles de la lumière et de l'ombre, il pourra choisir celles qui conviennent le mieux au sujet qu'il se propose de traiter.

LIVRE V.

Perspective cavalière.

280. Pour compléter autant que possible l'exposé des principes nécessaires aux dessinateurs, je terminerai cet ouvrage par quelques notions sur la *perspective cavalière.*

On donne ce nom à un genre de dessin de convention qui, sans avoir l'exactitude des épures de géométrie descriptive, a cependant sur ces dernières l'avantage de mieux faire concevoir la forme de l'objet que l'on dessine.

281. La manière d'opérer est extrêmement simple.

Supposons, par exemple, que l'on veuille construire (*fig.* 195, *PL.* 29) la perspective d'une pièce de bois terminée à sa partie inférieure par un tenon rectangulaire dont on a les deux projections (*fig.* 192 et 193).

On construira (*fig.* 195) la projection verticale $b'a'u's'm'd'$ égale à $bausmd$ figure 192.

On adoptera ensuite une direction quelconque pour la perspective des lignes, telle que az perpendiculaire au plan vertical pq, que nous nommerons le plan du tableau.

Ensuite, sur le dessin en perspective, chacune de ces lignes perpendiculaires au tableau devra être représentée par la moitié de sa projection horizontale (*fig.* 193).

Ainsi, par exemple, $a'z'$ (*fig.* 195) sera la moitié de az (*fig.* 193).

$u'v'$ sera la moitié de uv.

$u'n'$ la moitié de un, et ainsi de suite.

Quelquefois, au lieu de la moitié on préfère prendre le tiers, surtout lorsque les lignes perpendiculaires au tableau sont très-longues.

282. Les lignes *az*, *uv*, *un*, prennent en perspective le nom de lignes fuyantes; ainsi $a'z'$, $u'v'$, $u'n'$ sont des lignes fuyantes.

La direction de ces lignes est arbitraire et dépend pour chaque figure des parties que l'on veut mettre en évidence.

Ainsi, quand on voudra faire voir le dessous du corps, on dirigera les lignes fuyantes par en bas, comme on l'a fait pour la perspective du tenon (*fig.* 195).

Pour faire voir le dessus, on dirigera les lignes fuyantes par en haut (*fig.* 196).

Enfin on les dirigerait à gauche si l'on voulait faire voir la face qui est de ce côté.

283. Quelquefois on préfère placer l'objet obliquement par rapport au tableau. Ainsi, la figure 198 étant la projection horizontale du tenon, *pq* sera le tableau.

On construira comme ci-dessus la projection verticale $b'a'u's'm'd'$ (*fig.* 200) égale à *bausmd* (*fig.* 197); puis après avoir choisi pour les lignes fuyantes la direction qui paraîtra la plus favorable à l'effet que l'on voudra produire, on fera :

$$(\textit{fig. } 200)\ a'z' = \frac{az}{2}\ (\textit{fig. } 198).$$

$$u'v' = \frac{uv}{2} \text{ etc.}$$

284. Les mêmes conventions s'appliquent à la perspective des lignes courbes.

Ainsi on fera (*fig.* 210, 209):

$$o'c' = \frac{oc}{2};\quad v'u' = \frac{vu}{2}, \text{ etc.}$$

285. Les figures suivantes représentent en perspective quelques détails de construction, et la planche 30 contient des détails de machines.

286. Pour tirer tout le parti possible de ce genre de dessin, il faut par de nombreux exemples s'exercer à construire promptement, à vue d'œil, et sans le secours du compas, la perspective des objets que l'on a sous les yeux; et les principes que nous venons d'exposer ont seulement pour but d'indiquer l'ordre dans lequel les différentes lignes doivent être tracées.

287. Quelques personnes contestent l'utilité de la perspective cavalière; elles donnent pour raison que les objets pouvant être déterminés complétement et dans tous leurs détails par le moyen des projections, il n'est pas nécessaire d'employer un genre de dessin qui altère les dimensions du corps représenté sans avoir l'avantage, comme la perspective linéaire, d'en reproduire l'apparence avec une exactitude rigoureuse.

Je serais le premier à me ranger à cet avis, si tout le monde savait la géométrie descriptive, ou si les ingénieurs ne devaient jamais avoir de communications d'idées avec des personnes étrangères à l'étude de cette science.

Mais il arrive à chaque instant, dans l'exécution des travaux industriels, que l'on veut faire comprendre à un ouvrier, à un chef d'atelier, les formes d'une pièce qui n'existe encore que dans l'imagination, et qui ne pourra être projetée que lorsque l'auteur aura fixé ses idées sur les dimensions les plus convenables à donner à cet objet.

L'ingénieur lui-même, dans le travail du cabinet, ne peut commencer ses épures qu'après avoir comparé et discuté les formes qui conviennent le mieux aux différents détails de son projet; et cette discussion sera souvent rendue plus facile par la représentation en perspective des objets dont la combinaison doit concourir à la perfection de l'ensemble.

Dans un livre, dans un cours public, lorsqu'on voudra faire comprendre la forme d'une machine, d'un instrument de physique ou d'un appareil de chimie, on y parviendra plus facilement avec le secours de la perspective que par les projections, qui au contraire seront préférables lorsqu il s'agira d'exécuter la machine ou l'instrument dont il s'agit.

Pour faire adopter un projet, pour obtenir les fonds nécessaires à son exécution, il faut que l'auteur en soumette les détails à des capitalistes, à des commissions dont les membres, souvent très-capables d'apprécier l'utilité ou la dépense, sont cependant trop étrangers au langage mathématique pour comprendre par le secours seul des projections tout ce que le travail de l'auteur peut offrir d'avantageux.

Si, par exemple, il s'agissait d'un monument, et si l'adoption du projet devait être le résultat d'un concours soumis au jugement du public, ce n'est pas par des projections que l'on parviendrait à lui en faire sentir toutes les convenances locales.

Il est évident que l'on réussirait bien mieux avec deux ou trois dessins en perspective représentant le monument proposé, vu des points principaux de la ville à laquelle il est destiné; mais, dans ce dernier cas, les principes exposés au numéro 281 seraient insuffisants.

L'habitude que nous avons de voir plus petits les objets éloignés, ferait paraître ces mêmes objets trop grands si l'on conservait le parallélisme des lignes fuyantes, et cela détruirait complétement l'illusion.

Il serait alors indispensable de recourir à la perspective linéaire, sans laquelle, lorsqu'il s'agit de dessins d'ensemble ou d'objets de grande dimension, il est impossible d'obtenir un résultat satisfaisant.

Ce n'est pas ici le lieu de développer les principes de cette science, qui rentre plutôt dans le domaine des beaux-arts que dans celui de l'industrie.

FIN.

TABLE

DES MATIÈRES.

LIVRE Ier.

LIVRE II.

LIVRE III.

FIN DE LA TABLE.

www.ingramcontent.com/pod-product-compliance
Ingram Content Group UK Ltd.
Pitfield, Milton Keynes, MK11 3LW, UK
UKHW020605180726
13838UKWH00001B/442